DB
218 397-8

Verlag Podszun-Motorbücher GmbH
Elisabethstraße 23-25, D-59929 Brilon
Internet: www.podszun-verlag.de
Email: info@podszun-verlag.de

Herstellung Druckhaus Cramer, Greven

ISBN 3-86133-402-X

Titelfotos: Lothar Spielhoff, Alfred Gottwaldt und Klaus-Uwe Hölscher
Fotos Seite 1 und Seite 144: Christoph Riedel

Jahrbuch 2006 Lokomotiven

PODSZUN

Liebe Leserin, lieber Leser!

Dies ist inzwischen die fünfte Ausgabe des Jahrbuchs Lokomotiven und wir freuen uns, Ihnen wieder interessante Themen rund um das Hobby Lokomotiven anbieten zu können. Dank gilt an dieser Stelle allen Autoren und Bildgebern, die in den letzten Wochen und Monaten mit Engagement und einer Menge Zeitaufwand gearbeitet haben, damit dieses Jahrbuch rechtzeitig zur Frankfurter Buchmesse 2005 erscheinen kann. Ein technischer Hinweis: Abbildungen, die nicht namentlich gekennzeichnet sind, wurden von den Verfassern der jeweiligen Artikel zur Verfügung gestellt.

Dank gilt auch Ihnen, Liebe Leserin, lieber Leser, für Ihre Treue und für die Zuschriften oder Telefonate, in denen Sie Kritik äußerten und Anregungen lieferten. Wir freuen uns auf den Kontakt mit Ihnen und sind gerne bereit, Ihre Wünsche zu berücksichtigen.

Die meisten Verfasser dieser Ausgabe sind Eisenbahnfreunden seit langem als erfolgreiche Buchautoren bekannt: Udo Paulitz aus Duisburg, Dipl.-Ing. Lothar Spielhoff aus Esslingen, Alfred Gottwald aus Berlin und Christoph Riedel aus Lüdenscheid. Michael Folkers aus Erftstadt ist ein begeisterter Hobby-Eisenbahner und hat bereits einen Artikel für das vorige Jahrbuch geschrieben. Klaus-Uwe Hölscher aus Leer (Ostfriesland) ist von Beruf Lehrer und befasst sich in seiner Freizeit mit Feuerwehrfahrzeugen und dem Thema Eisenbahn.

Ihnen, liebe Leserin, lieber Leser, wünschen wir viel Vergnügen mit dem Jahrbuch und nicht vergessen: das nächste Jahrbuch Lokomotiven, die Ausgabe 2007, ist ab Oktober 2006 erhältlich.

Ihr Redaktionsteam „Jahrbuch Lokomotiven"

P.S.

Sie können das Jahrbuch Lokomotiven in Buchhandlungen oder direkt beim Verlag abonnieren.
Die Ausgaben 2002 und 2003 sind noch lieferbar. Fordern Sie unser kostenloses Gesamtverzeichnis mit Büchern über Lokomotiven, Baumaschinen, Lastwagen, Autos, Motorräder, Traktoren und Feuerwehrfahrzeuge an: Verlag Podszun-Motorbücher, Elisabethstraße 23-25, D-59929 Brilon
Fax 02961/2508, Email: info@podszun-verlag.de, Internet: www.podszun-verlag.de

Baureihe 221

Die letzten Einsatzjahre

von Michael Folkers

Nun ist es bereits 16 Jahre her, dass die letzten Dieselloks der Baureihe 221 abgestellt wurden. Optisch waren sie die schönsten Dieselloks der DB, auch akustisch war zu „spüren", was in ihnen steckte. Wer jemals die 221 bei der Anfahrt erlebt hat, der wird das nie wieder vergessen.

Mit der Abstellung der Baureihe 221 endete auch die Epoche der Dieselloks, die einst die Symbole des Wirtschaftswunders waren. E-Loks verdrängten die V200.1 vor hochwertigen Zügen immer mehr, auch wenn sie damals bei ihrer Indienststellung die Bezeichnung „stärkste vierachsige dieselhydraulische Lok der Welt" getragen hatten. Die V200.1/221 stand eigentlich immer etwas im Schatten der V200.0/220. Während über die V200.0/220 viel Textmaterial und noch mehr Fotos zur Verfügung stehen, ist das bei der V200.1/221 nicht so.

In den Achtzigerjahren war es dann soweit: Die Zeit der 221 war gekommen. Das lag daran, dass die Elektrifizierung des Streckennetzes weiter zunahm und sich die Deutsche Bundesbahn von den zweimotorigen Dieselloks aus wirtschaftlichen Gründen trennen wollte. Nach nur 26 Jahren endete die Ära der Baureihe 221 bei der DB – vorläufig, denn auch noch heute sieht man diese markante Lok bei Privatbahnen und auf Strecken der DB. Doch davon an anderer Stelle mehr. Zuerst die Vorgeschichte der Baureihe V200.0/220.

Die zweimotorige V200.0 wurde aus der V80 und aus den Triebwagen der Baureihe VT08 abgeleitet und weiterentwickelt. Wesentliche Bauteile wurden teilweise beibehalten. Dies geschah einerseits zur Vereinheitlichung, andererseits zur Dämpfung der Entwicklungs- und Herstellungskosten. Kaum eine Lokomotive verkörperte so sehr die Wünsche und

V 200 001 Gambrinus Würzburg 1955 Original Belligrodt-Foto

V 200 002 bei Niederheimbach am Rhein 1955 Original Bellingrodt-Foto

Fantasien der „Wirtschaftswunderkinder" wie die Baureihe V200! Diese war in den Fünfzigerjahren die modernste Lokomotive, die die DB vor ihre Schnellzüge spannen konnte, also das „Paradepferd". Gefordert war eine Leistung von 2 x 735 kW (2 x 1000 PS) und ein Dampfheizkessel zur Zugheizung. Die ersten V200.0 wurden von Krauss-Maffei gebaut. 1953 wurde V200 001 auf der Internationalen Verkehrsausstellung in München vorgestellt. Bei der DB wurden die Serienloks der Baureihe V200.0 (2 x 810 kW = 2 x 1100 PS) zum Inbegriff des Strukturwandels. Aber sie sind in ihrer Leistungsfähigkeit oft überschätzt worden. 1961 waren zeitweise 42 der insgesamt 86 Loks schadhaft abgestellt. Es waren Loks des BW Villingen, bei denen infolge ständiger Überbelastung auf der Schwarzwaldbahn Getriebeschäden auftraten. Als erster Einsatz in der V200-Krise mussten wieder Dampfloks der Baureihe 39

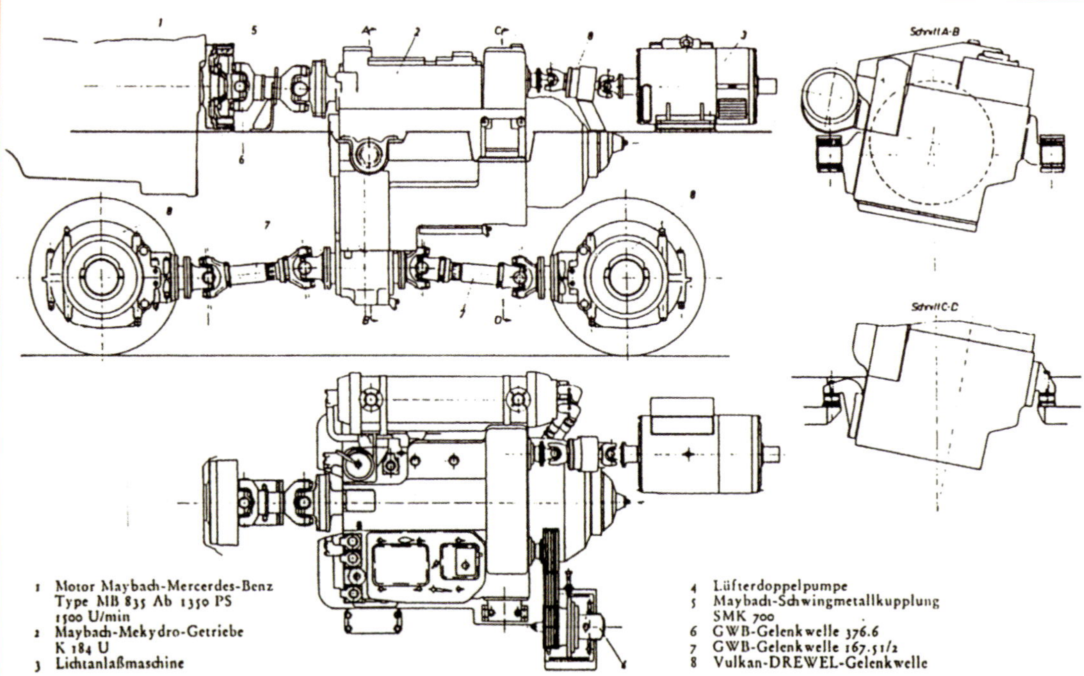

(Preußische P10) herangezogen werden. In den Bereichen, die der Leistung der V200.0 entsprachen, war sie eine durchaus zuverlässige Lok, die viele Jahrzehnte zur Zufriedenheit des Lokpersonals und der DB ihren Dienst tat. Das belegt auch die Tatsache, dass zahlreiche Loks nach ihrer Ausmusterung bei der DB von anderen Bahngesellschaften und Gleisbaufirmen im Ausland weiterhin eingesetzt wurden. Nach entsprechenden Umbauten in den Achtzigerjahren kamen Dieselloks der Baureihe V200.0/220 sogar in Saudi-Arabien beim Gleisbau zum Einsatz. Zwei Erlebnisse verbinden mich mit der V200.0 vom BW Oldenburg. Als ich 1975 an der Emslandstrecke die letzten Dampfloks der Baureihen 012, 042 und 043 fotografierte, dachte ich überhaupt nicht daran, dass eine V200 auch etwas Besonderes ist. Oft ließ ich die Kamera sinken, wenn statt der erhofften Dampflok eine 220 den Zug beförderte. Erst nach der Ausmusterung der Dampflok erkannte ich den Wert dieser Baureihe. Da ich meinen Sommerurlaub fast immer in meiner Heimatstadt Jever/Friesland verbrachte, konnte ich so die ersten Aufnahmen dieser Baureihe direkt auf der Strecke Jever–Esens aufnehmen.

Doch für mich war Wilhelmshaven interessanter, schon deswegen, weil dort viel mehr Züge mit den 220 bespannt waren. Am 6. August 1979 fotografierte ich wieder in Wilhelmshaven HBF. An der Seite stand die 220 027-7. Mit dem Lokführer kam ich ins Gespräch, der sich übrigens wunderte, dass sich jemand für die „stinkenden" Dieselloks interessiert. Besteht die Möglichkeit, einige Detailaufnahmen auf dem Führerstand zu machen? Klar, kommen Sie hinauf. Mir wurde alles genau erklärt und gezeigt, sogar der Maschinenraum. Nun musste 220 027-7 umsetzen, d. h. die Wagen vom Eilzug nach Osna-brück standen bereits auf Gleis 2. Nach einigen „Sägfahrten" setzte 220 027 sanft an die Wagen. Der Lokführer fragte mich, wo ich denn herkäme. Aus Jever, dort verbringe ich in der Heimat meinen Sommerurlaub. So, aus Jever kommen Sie also her. Wollen Sie bis Sande mitfahren? Und ob ich wollte. Von Wilhelmshaven bis Sande war die Fahrt leider viel zu schnell beendet. Auch wenn ich später noch sehr oft auf den Führerständen der Baureihe 221 mitgefahren bin, so werde ich meine erste Fahrt auf 220 027-7 nie vergessen.

In den Achtzigerjahren ging die Zeit der 220 beim BW Oldenburg langsam zu Ende. Einziger Zug, der im Winterfahrplan 1982 noch von einer 220 gefahren wurde, war ein Eilzug von Wilhelmshaven nach Bre-

Baureihe 221, 1. Serie

Lok	Abnahme	Fabrik-Nr.	Erstes BW
221 101-9	27.11.1962	18993	Kempten
221 102-7	09.01.1963	18994	Kempten
221 103-5	10.01.1963	18995	Kempten
221 104-3	18.01.1963	18996	Kempten
221 105-0	01.02.1963	18997	Kempten
221 106-8	01.02.1963	18998	Kempten
221 107-6	12.02.1963	18999	Kempten
221 108-4	19.02.1963	19000	Kempten
221 109-2	06.03.1963	19001	Lübeck
221 110-0	13.03.1963	19002	Lübeck
221 111-8	15.03.1963	19003	Lübeck
221 112-6	20.03.1963	19004	Lübeck
221 113-4	25.03.1963	19005	Lübeck
221 114-2	04.04.1963	19006	Lübeck
221 115-9	05.04.1963	19007	Lübeck
221 116-7	19.04.1963	19008	Lübeck
221 117-5	23.04.1963	19009	Lübeck
221 118-3	29.04.1963	19010	Lübeck
221 119-1	10.05.1963	19011	Lübeck
221 120-9	25.05.1963	19012	Lübeck

Baureihe 221, 2. Serie
(mit Abgasschalldämpfer)

Lok	Abnahme	Fabrik-Nr.	Erstes BW
221 121-7	07.12.1964	19241	Villingen
221 122-5	10.12.1964	19242	Villingen
221 123-3	21.12.1964	19243	Villingen
221 124-1	31.12.1964	19244	Villingen
221 125-8	12.01.1965	19245	Villingen
221 126-6	27.01.1965	19246	Villingen
221 127-4	04.02.1965	19247	Villingen
221 128-2	18.02.1965	19248	Lübeck
221 129-0	19.02.1965	19249	Lübeck
221 130-8	26.02.1965	19250	Lübeck
221 131-6	09.03.1965	19251	Hamburg-Altona
221 132-4	16.03.1965	19252	Hamburg-Altona
221 133-2	30.03.1965	19253	Hamburg-Altona
221 134-0	08.04.1965	19254	Hamburg-Altona
221 135-7	20.04.1965	19255	Kempten
221 136-5	06.05.1965	19256	Kempten
221 137-3	07.05.1965	19257	Kempten
221 138-1	14.05.1965	19258	Kempten
221 139-9	11.06.1965	19259	Kempten
221 140-7	12.06.1965	19260	Kempten
221 141-5	15.06.1965	19261	Kempten
221 142-9	22.06.1965	19262	Kempten
221 143-1	05.07.1965	19263	Kempten
221 144-9	16.07.1965	19264	Villingen
221 145-6	30.07.1965	19265	Villingen
221 146-4	04.08.1965	19266	Lübeck
221 147-2	09.09.1965	19267	Lübeck
221 148-0	01.09.1965	19268	Villingen
221 149-8	10.09.1965	19269	Villingen
221 150-6	28.09.1965	19270	Villingen

V 200 026 bei Heigenbrücken im Spessart 1957
Original Belligrodt-Foto

V 200 038 Gambrinus Köln BBF 1957
Original Bellingrodt-Foto

V 200 063-2 im BHf. Heidmühle/Friesland im März 1979
Sammlung: Folkers

men. Nur wann? Nach einigen Telefonaten mit dem BW Oldenburg wusste ich die genaue Zeit. Diesen Zug wollte ich unbedingt in Sande fotografieren. Der Eilzug erreichte Sande morgens um 9.05 Uhr. Leider lädt das Winterwetter im Dezember nicht zum Fotografieren ein. Trotzdem wollte, nein, musste ich diesen letzten Zug am 28. Dezember 1982 aufnehmen. 220 020-2 war vor dem Zug! Heute ist das ein unwiederbringliches Zeitdokument.

Am 30. Dezember 1982 besuchte ich das Heimat-BW der 220 in Oldenburg, um Abschied von diesen besonderen Loks zu nehmen. Fotografiert habe ich an diesem Tag nur die 220 022-8, 220 051-7 und 220 065-7, die neben einer 216 im Schuppen abgestellt waren. Bei bestem Licht stand vor dem Lokschuppen die 220 031-9, die „warmlief", um später einen Ng zu fahren. Das war damals mein persönlicher Abschied von der BR 220, einer Lok, die ich in meiner Heimat viele Jahre vor fast allen Zugarten gesehen und doch so wenig fotografiert habe. Die letzten 220 wurden bei der DB im BW Lübeck Ende 1984 ausgemustert. Einige 220 wurden als betriebsfähige Museumsloks erhalten, zu nennen sind hier die V200 007 (Lübeck) und die V200 033 (Hamm).

Doch nun zur großen V200, der Baureihe V200.1, nach 1968 als Baureihe 221 bezeichnet. Trotz der positiven Betriebserfahrungen waren die V200.0 Ende der Fünfzigerjahre an ihrer Leistungsgrenze angelangt. Reserven waren nicht mehr vorhanden. Die DB beauftragte in den Jahren 1960/61 die Firma Krauss-Maffei mit der Weiterentwicklung einer noch stärkeren Lok auf Basis der V200.0. Die baulichen Änderungen am Untergestell, Aufbau und Laufwerk sollten nach Möglichkeit gering ausfallen. Aber die Leistung sollte gesteigert werden. Gegenüber den 2 x 810-kW-Motoren der Serien V200.0 war nun eine Leistung von 2 x 993 kw (2 x 1350 PS) vorgesehen. Verwendet wurden Motoren vom Typ Daimler-Benz MB 835 AB mit Aufladung, die auch einzeln in der Baureihe V100.20 (BR 212) eingebaut waren. Ebenfalls kamen Motortypen MTU MB 12 V 652 bei der V200.1 zum Einsatz.

Eine wesentliche Forderung der DB war trotz höherer Leistung die Beibehaltung der Massegrenzen. Die Gesamtmasse der V200.1 durfte maximal bei 82 t liegen, d. h. wenn die Achsfolge B'B' beibehalten werden sollte. Das Hauptproblem beim Bau der neuen V200.1 war die Kompensation der schwe-

221 134-0 fotografiert von 221 130-8 bei Lintorf 31. Oktober 1981

221 136-5 und 4007 Kohlezug bei Oberhausen-West am 20. Februar 1982

ren Maschinenanlage. Beide Motoren lagen mit insgesamt 10 730 kg um 902 kg über dem Wert der MD 650 von Maybach, den schwersten Motoren, die in der Baureihe V200.0 eingebaut waren, obwohl bereits 556 kg eingespart waren, indem bei der neuen V200.1 kein Motorrahmen, sondern eine leichtere, elastische Motorlagerung zur Ausführung kam. Auch die leistungsfähigeren Maybach-Mekydro-Getriebe K 184 U waren mit 1720 kg schwerer, als die Getriebe, die in der V200.0 eingebaut wurden. Diese durch die höhere Leistung bedingte höhere Masse konnte zum Teil durch die Verwendung einer leichteren Heizanlage reduziert werden. Somit wurden durch den Kessel und neue Werkstoffe bei der Zugheizanlage insgesamt 2166 kg eingespart.

Neben einer etwas kürzeren Gesamtlänge ergaben sich noch einige andere Bauartänderungen bei der Ausführung der Drehgestelle und bei der Gestaltung der Stirnpartien. Auch die beiden Seitengänge im Maschinenraum waren nun von beiden Führerständen durchgehend begehbar. Da der Lokkasten für die Gewichtseinsparung nicht infrage kam, musste man sich auf Bauteile wie Behälter für Dieselkraftstoff und Wasser, Rohrleitungen, Klappen, Apparateschränke und Teile der Kühlanlage (Luftführungsteile) konzentrieren. Die Gesamtmasse bei vollen Vorräten lag damit bei 81 t und somit unter den Anforderungen. Durchschnittlich brachten die Loks der ersten Serie bei vollen Vorräten 80,7 t, ohne Vorräte 72,5 t auf die Waage. Bei den V200.1 der zweiten Serie lag die Masse etwas höher, da diese Loks einen Abgasschalldämpfer erhielten. Die an der Baureihe V200.1/221 angeschriebenen 78 t ergeben sich aus dem Prinzip, die Dienst- und Reibungsmasse immer bei zwei Drittel Vorräten anzugeben.

Die letzten Einsatzjahre der Baureihe 221

Wie bereits erwähnt, wurden die ersten V200.1 noch ohne Abgasschalldämpfer geliefert. Der Schleuder-

4013 vor einem Schnellzug von Madrid nach Barcelona 1969 Werkfoto: Krauss-Maffei München

schutz wurde bei der ersten Serie beim Schleudern durch Leuchtmelder angezeigt. Die V200.1 der zweiten Serie erhielten alle Abgasschalldämpfer sowie den automatischen Schleuderschutz. Allerdings waren die V200.1 der ersten Serie spürbar stärker in der Anfahrzugkraft. Zu dem Abgasschalldämpfer ist noch Folgendes zu sagen. V200 103 und V200 108 waren Versuchsloks der Vorschalldämpfung, d. h. sie wurden als Loks der ersten Serie bei Indienststellung mit den geänderten Dachaufbauten (Auspuffanlage) der zweiten Serie ausgeliefert. Wer je die 221 vor schweren Zügen erleben konnte, der wird diesen Eindruck nie mehr vergessen. Schon der „Sound" der beiden Motoren, so etwas kann man schriftlich nicht wiedergeben, das muss man selbst gehört haben.

Vorbei, die Gloriole der 221 ist verblichen, bald wird sich niemand mehr an die Leistungen dieser Maschinen erinnern. Denn Fakt ist, erst die 221 war in der Lage, die schweren Dampfloks vor schwersten Zügen abzulösen. Dieser Bericht soll daher einen Rückblick auf die Einsätze bei den drei bedeutendsten Bahnbetriebswerken der 221 gegen Ende ihrer Dienstzeit geben und wird auch das Schlusskapitel mit den Einsätzen vor D-Zügen auf der Eifelhauptbahn von Köln nach Trier behandeln. Es waren übrigens die absolut letzten Planleistungen der 221 im Personenzugdienst.

Lok-Bestand BR 221 BW Oberhausen 1
Stand 10.01.1984

221 101-9	221 113-4	221 125-8	221 137-3
221 102-7	221 114-2	221 126-6	221 138-1
221 103-5	221 115-9	221 127-4	221 139-9
221 104-3	221 116-7	221 128-2	221 140-7
221 105-0	221 117-5	221 129-0	221 141-5
221 106-8	221 118-3	221 130-8	221 142-3
221 107-6	221 119-1	221 131-6	221 143-1
221 108-4	221 120-9	221 132-4	221 144-9
221 109-2	221 121-7	221 133-0	221 145-6
221 110-0	221 122-5	221 134-0	221 146-4
221 111-8	221 123-3	221 135-7	221 147-2
221 112-6	221 124-1	221 136-5	221 149-8

Lok-Bestand BR 221 BW Oberhausen 1
Stand 10.04.1988

221 102-7	221 116-7	221 138-1	221 144-9
221 110-0	221 127-4	221 140-7	221 145-6
221 112-6	221 132-4	221 141-5	221 146-4
221 113-4	221 135-7	221 142-3	221 147-2
221 115-9	221 136-5	221 143-1	221 149-8

220 048-3 E 676 Nussbach/Schwarzwaldbahn Juli 1969

Die Z-Stellungen- und Ausmusterungsdaten der Baureihe 221

Lok	Z-Stellung	Ausmusterung
221 101-9	28.05.1987	26.09.1987
221 102-7	29.05.1988	30.06.1988
221 103-5	28.05.1987	26.09.1987
221 104-3	25.05.1987	30.07.1987
221 105-0	28.05.1987	26.09.1987
221 106-8	29.05.1987	26.09.1987
221 107-6	23.05.1987	30.07.1987
221 108-4	28.10.1987	17.12.1987
221 109-2	28.05.1987	26.09.1987
221 110-0	29.05.1988	30.06.1988
221 111-8	30.09.1987	17.12.1987
221 112-6	29.05.1988	30.06.1988
221 113-4	29.05.1988	30.06.1988
221 114-2	28.05.1987	26.09.1987
221 115-9	29.05.1988	30.06.1988
221 116-7	29.05.1988	30.06.1988
221 117-5	23.05.1987	30.07.1987
221 118-3	28.05.1987	26.09.1987
221 119-1	28.05.1987	26.09.1987
221 120-9	23.05.1987	30.07.1987
221 121-7	28.05.1987	26.09.1987
221 122-5 (Unfall)	01.08.1987	26.09.1987
221 123-3	30.09.1987	17.12.1987
221 124-1	25.05.1987	30.07.1987
221 125-8	30.09.1987	17.12.1987
221 126-6	30.09.1987	17.12.1987
221 127-4	29.05.1988	30.06.1988
221 128-2	30.09.1987	17.12.1987
221 129-0	30.09.1987	17.12.1987
221 130-8	30.09.1987	17.12.1987
221 131-6	16.10.1987	17.12.1987
221 132-4	29.05.1988	30.06.1988
221 133-2	30.08.1987	17.12.1987
221 134-0	30.09.1987	17.12.1987
221 135-7	29.05.1988	30.06.1988
221 136-5	29.05.1988	30.06.1987
221 137-3	30.09.1987 28.06.1988 wieder im Einsatz 29.10.1987	30.06.1988
221 138-1	29.05.1988	30.06.1988
221 139-9	30.09.1987	17.12.1987
221 140-7	29.05.1988	30.06.1988
221 141-5	11.05.1988	30.06.1988
221 142-9	27.05.1988	30.06.1988
221 143-1	27.05.1988	30.06.1988
221 144-9	10.05.1988	30.06.1988
221 145-6	29.05.1988	30.06.1988
221 146-4	29.05.1988	30.06.1988
221 147-2	29.05.1988	30.06.1988
221 148-0 (Unfall)	24.06.1974	01.10.1974
221 149-8	29.05.1988	30.06.1988
221 150-6 (Unfall)	01.08.1980	21.10.1980

Nachdem das BW Oldenburg Anfang 1976 alle 220 des BW Braunschweig erhielt, war die Hälfte des Gesamtbestandes in Oldenburg beheimatet. Die 220 hatten ein großes Einsatzgebiet, so u. a. die Strecken Oldenburg–Wilhelmshaven, Oldenburg–Wilhelmshaven–Jever–Esens, Oldenburg–Leer/Ostfriesland,

220 027-7 Detailaufnahme vom Führerstand Wilhelmshafen Hbf August 1978

Oldenburg–Bremen, Oldenburg–Osnabrück–Münster, Oldenburg–Norddeich/Mole sowie nach Cuxhaven, Hameln, Wolfsburg, Braunschweig und Lübeck. Die 220 kamen vor fast allen Zuggattungen zum Einsatz, nur für die 4000-t-Erzzüge waren sie nicht geeignet. Außerdem standen zu diesem Zeitpunkt noch genügend Dampflokomotiven der Baureihen 042 und 043 zur Verfügung. Doch die große Zeit der Dampflok war fast schon vorbei, als am 30. Mai 1976 als erste 221 die 221 150-6 vom BW Villingen beim BW Oldenburg eintraf. Durch Ausmusterungen der 042 und 043 war nun ein erheblicher Bedarf an Dieselloks entstanden, weshalb das BW Oldenburg neben seinen Dieselloks der Baureihen 216 und 220 erstmalig die Baureihe 221 zugeteilt bekam. Mit 221 150 wurden Personalschulungen ausgeführt, bis mit dem Winterfahrplan 1976/77 weitere 221 vom BW Villingen nach Oldenburg kamen (221 143-1, 221 145-6).

Das BW Oldenburg nahm nun den Planbetrieb in einem dreitägigen Umlauf auf, der im Februar 1977 –

221 129-0
LR 37 137, die erste Fahrt einer 221 über die Eifelbahn. Durchfahrt Bhf Liblar September 1983
Sammlung: Folkers

221 104-3
leichte Unfallschäden Bhf Remscheid-Lennep 10.Juni 1979

221 108-4 vom BW Oldenburg im BW Emden 17. April 1979
Sammlung: Folkers

221 und 221 Gdg. 52916
4000 t Erzzug!
Bei Oldersum/Ostfriesland
März 1976
Sammlung: Folkers

221 119-1 SDZ im
Bhf Rheine
27. September 1980
Sammlung: Folkers

221 117-5 tanken im
Heimat BW Oberhausen-1
9. Oktober 1983

mit Ankunft der nächsten Maschinen – sogar auf neun Tage erweitert werden konnte. Dieser Umlaufplan sah zuerst nur Güterzugleistungen auf der Emslandstrecke vor. Darunter auch die schweren 4000-t-Erzzüge Gdg AB Zugnummer 52 900, gebildet aus 50 Wagen FAD 175. Waren zuvor die 4000 t von zwei Dampfloks Baureihe 042/043 gezogen worden, drangen nun erstmalig 221 in diese Dienste ein. Normalerweise fuhr dann die 221 vor der Dampflok als Vorspann. Die 4000-t-Erzzüge, damals die schwersten Züge bei der DB, durften aufgrund ihres enormen Gewichts an bestimmten Stellen nicht angehalten werden, da sonst die Anfahrzugkraft überschritten worden wäre. Deswegen waren auch die Schraubenkupplungen bei diesen Zügen verstärkt.

Am 24. September 1977 endete der Einsatz und die Beheimatung der BR 221 beim BW Villingen. Mit der Auflösung des dortigen 221-Bestandes wuchs die Zahl der beim BW Oldenburg stationierten Loks auf 29. Personaleinsatz BW war neben Oldenburg jetzt auch Rheine und Emden/Ostfriesland. Lokführer, die vorher jahrzehntelang von den Dampfloks der Baureihen 41, 41ÖL, 44 und 44Öl begeistert waren, fuhren jetzt die „neuen" 221 und wollten nie wieder etwas anderes fahren. Und sauberer als die ölgefeuerten Dampfloks waren sie auch noch.

Im Sommerfahrplan 1978 lag der 221-Bedarf bei zehn, im Sommer 1979 sogar bei 17 Maschinen. Das Einsatzgebiet der Baureihe 221 beim BW Oldenburg umfasste neben der Emslandstrecke auch die Strecken Leer–Oldenburg–Bremen, Bremen–Osnabrück, Oldenburg–Wilhelmshaven, fallweise auch Wilhelmshaven–Jever–Esens und Vorslapp–Fedderwardergroden–Sande–Oldenburg, wo die 221 Ölzüge von der Nordsee bespannte; normalerweise wurden die Ölzüge mit Dieselloks der Baureihen 216 oder 290 gefahren. Zu den herausragenden Leistungen der 221 zählten folgende Züge: D930 (2 x 221), E2730, D975 (2 x 221), E3157 und auch der „Starzug" der DB, der 4000-t-Erzzug Gdg 52916 „Langer Heinrich" Emden RBF–Rheine RBF (2 x 221). Die höchste Laufleistung der 221 lag bei etwa 832 km, die kleinste bei etwa 136 km am Tag. Durch die Bespannung der meisten Reise- und Güterzüge auf der Emslandstrecke mit den 221 konnten die Fahrzeiten erheblich gekürzt werden.

Von Unfällen mit der 221 blieb auch das BW Oldenburg nicht verschont. Am Morgen des 21. September 1978 kam es gegen 5.15 Uhr im BHF Meppen zu einem schweren Zugunglück, als 221 141-5 als

220 020-2 im Heimat BW Oldenburg/Old. 5. April 1982
Sammlung: Folkers

Zuglok eines Autozuges nach Emden auf den im Bahnhofsbereich abgestellten E7407 prallte und diesen etwa 600 m vor sich herschob. Der Beimann auf der 221 kam dabei ums Leben, während der Lokführer nach sechs Stunden schwer verletzt aus dem Inneren der 221 geborgen werden konnte. Ein weiterer Unfall ereignete sich am 24. Mai 1980 im BHF Emden. 221 150-6 fuhr vor einem VW-Zug auf eine 220 038 auf, die ebenfalls einen VW-Zug beförderte. Der Lokführer der 220 038 hatte ein Gleissperrsignal überfahren. 221 1550-6 wurde ausgemustert.

Mit der Aufnahme des elektrischen Betriebes auf der Emslandstrecke endete zum 27. September 1980 die Beheimatung der Baureihe 221 beim BW Oldenburg. Der komplette Oldenburger Bestand von 28 Loks wurde am 28. September 1980 zum BW Gelsenkirchen-Bismarck umbeheimatet. Folgende Loks der Baureihe 221 waren von 1976 bis 1980 beim BW Oldenburg beheimatet: 221 102-7, 221 106-8, 221 107-6, 221 108-4, 221 118-3, 221 119-1, 221 120-9, 221 121-7, 221 122-5, 221 123-3, 221 124-1, 221 125-8, 221 126-6, 221 127-4, 221 129-0, 221 130-8, 221 131-6, 221 136-5, 221 137-3, 221 138-1, 221 139-9, 221 140-7, 221 141-5, 221 142-3, 221 143-1, 221 144-9, 221 145-6, 221 149-8, 221 150-6 (ausgemustert 1980 in AW Bremen).

Zu den ersten 221, die zum BW Gelsenkirchen-Bismarck kamen, gehörten die 221 101 und 221 103, die bereits am 29. Mai 1977 von Villingen umbeheimatet wurden und direkt zur Personalschulung ein-

221 130-8 Größenvergleich V200-1 und Lokführer. Flandersbach 31. Oktober 1981

221 101-9 Detailaufnahme des Führerstands BW Oberhausen-1 im März 1981

221 114-2 Röhrenzug, Ausfahrt Duisburg-Hochfeld 31. Oktober 1981

gesetzt wurden. Am 25. September 1977 folgten vom BW Villingen die 221 102, 221 104 und 221 105. Bismarck verfügte nun über fünf Dieselloks der Baureihe 221, bis am 28. September 1980 der gesamte Bestand von Oldenburg zum BW Gelsenkirchen-Bismarck umbeheimatet wurde. Hier wurden die 221 vor schweren Erz-, Stahl-, Kohle- und Kalkzügen eingesetzt, jedoch nicht mehr im Plandienst – nur wenige 221 hatten feste Umlaufpläne –, sondern im so genannten „Programmverkehr". Programmverkehr sind Güterzüge, die die BD Essen nur an bestimmten Tagen in unregelmäßigen Abständen eingesetzt hat. Meist waren diese Züge mit 2 x 221 bespannt. Zu den besonderen Zugleistungen der 221 zählten der Gag 58000 von Gladbeck-West nach Duisburg-Hochfeld Süd mit einer Zuglast von 2914 t. Mit 2455 t etwas „leichter" war der ab Gelsenkirchen-Schalke verkehrende Gag 58798. Daneben traf man die 221 häufig vor Sonderzügen oder fallweise auf Ausstellungen an.

Ich habe in den Jahren der Beheimatung dieser Loks bei der BD Essen sehr viele Fahrten auf den Führerständen dieser Maschinen gemacht, fast jedes Wochenende fuhr ich mit, in den letzten Einsatzjahren sogar Alltags, d. h. sofern ich die „nötige" Freizeit hatte. So lernte ich die 221 noch besser kennen. Mein Dank gilt immer noch den Lokführern Theo Tenhaven, Manfred Kantel und Walter Kulczak †, die mir diese vielen Fahrten auf den Führerständen fast aller 221 ermöglicht haben. Diese Lokführer zählten zu den ersten, die damals auf der 221 ausgebildet wurden und diese Baureihe auch bis zum Ende bei der DB fuhren.

Bereits zum Sommerfahrplan 1980 gab das BW Lübeck seinen Restbestand der 221 ebenfalls an Gelsenkirchen-Bismarck ab. Die BD Essen verfügte nun über alle 48 Loks dieser Baureihe. Mit der Umwandlung des BW Gelsenkirchen-Bismarck in eine Außenstelle des BW Oberhausen 1 wurde am 1. Januar 1982 der gesamte 221-Bestand dem BW Oberhausen 1 übergeben. Das Einsatzgebiet änderte sich dadurch nicht, außerdem waren schon vor der Umstationierung mehr 221 in Oberhausen als im Heimat-BW Bismarck zu finden. Einsatz-BW der Baureihe 221 waren noch die BW Wanne-Eickel und Duisburg-Wedau. Mit Wintersportzügen kamen die 221 auch nach Winterberg im Sauerland. Diese ab Rheine, Münster und Duisburg verkehrenden Züge wurden im Februar 1987 letztmalig mit 221 bespannt. Interessant waren auch die sogenannten „Waschbergzü-

221 125-8 und 221
4000 t Kohlezug bei
Ratingen 24. Juli 1983

221 111-8 „Sonntagsruhe"
im BW Oberhausen-1
23. Mai 1982

221 102-7 TB Zughalt
bei Ratingen
31. Oktober 1986

221 145-6 neben 216 003-4 BW Oberhausen-1, 23. Mai 1982

220 031-9 BW Olbenburg/Old. 30. Dezember 1982

220 048-3 BW Lübeck 10. August 1983

ge" zum Bau der Autobahn A30. Hier handelte es sich um schwere, mit Zug- und Schublok bespannte Ganzzüge, die mit Abraummaterial aus den Zechen zu den Autobahnbaustellen im Münsterland fuhren. Zwischen 1982 und 1984 beförderten sie rund 1,5 Millionen Tonnen Abraum. Der letzte Umlaufplan der Baureihe 221 beim BW Oberhausen 1 im Winter 1987/88 umfasste nur noch sechs Plantage mit einer Tagesleistung von etwa 200 km. Außerdem kamen die 221 vor Programmzügen nach Siegen sowie in weiten Teilen der BD Köln, u. a. nach Andernach/Rhein zu den Rasselstein-Werken vor schwersten Stahzügen zum Einsatz. Zu den wohl bekanntesten Leistungen zählten die Kalkzüge im Angertal. Sogar an Sonntagen fuhren 221 mit Kalkzügen von Flandersbach/Rohdenhaus nach Oberhausen-West bzw. Flandersbach nach Duisburg-Rheinhausen. An Werktagen fuhren Kalkzüge mit 221 nach Millingen (bei Moers) oder nach Frimmersdorf. Aus dem Sauerland kam in den letzten Einsatzjahren der Ganzzug 58 507 von Menden nach Dortmund-Hörde hinzu. In der BD Köln wurden Kohlezüge nach Neuss und Düsseldorf-Hafen gefahren. Von Duisburg-Walsum fuhr der Ganzzug 58 789 nach Düsseldorf-Grafenberg, um nur einige Beispiele zu nennen. Im Sonderdienst fuhren 221 schwerste Kohlezüge von Recklinghausen nach Dortmund-Mengede und Bochum-Weitmar zu den Kraftwerken. Da die 221 in den letzten Einsatzjahren fast nur noch im Güterzugdienst eingesetzt wurden, ließ die DB bei folgenden 221 die Heizkesselanlage für die Zugheizung ausbauen und ersetzte diese durch eine Webasto-Vorwärmanlage: 221 101-9, 221 103-5, 221 111-8, 221 117-5, 221 123-3, 221 132-4, 221 138-1, 221 141-5, 221 142-3, 221 143-1, 221 145-6, 221 146-4, 221 147-2.

Zu den letzten planmäßigen Personenzugleistungen dieser Baureihe gehörte D15 136 von Münster über die Eifelhauptstrecke nach Trier. diesen Zügen soll nun das nachfolgende Kapitel gewidmet werden.

Auf der Eifelstrecke von Köln nach Trier fuhren nie Dieselloks der Baureihe V200. Einheitsdampfloks der Baureihen 01, 03 und 23 (Neubau DB) beförderten dort die Schnell- und Personenzüge, bis 1966 kam sogar noch die Preußische P10 BR 39 vor diesen Zügen zum Einsatz. Güterzüge übernahmen die Baureihen 41 und 50. Erste Dieselloks waren ab Mai 1966 die V100 (spätere 221 und 212) sowie die V160 (216 und 215). Doch ab 1983 sollte sich das ändern. Da der D2136 von Norddeich nach Trier ständig überbelegt war, setzte die DB in den Monaten April bis Dezember (außer in den Ferien) einen Vorzug zum D2136 ein, den D15 136 von Münster nach Trier. Zuglok und das Lokpersonal stellte auf dem gesamten Laufweg das BW Oberhausen 1. Endlich hatten wir

221 142-3 Baustelle A31 in Legden, Zugentladung auf freier Strecke! Am 08. August 1983 1.000.000 Tonnen Abraum!
Sammlung: Folkers

221 122-5 D15136 Münster-Trier Auffahrt Bhf. Liblar 17. September 1984. Letzte Planeinsätze der 221 vor D-Zügen

auf unserer Eifelstrecke auch die Baureihe V200, aber nicht irgendeine, nein, sogar die „große" V200, die Baureihe 221. Diese Lok hatte man hier noch nie gesehen. Auch wenn die Baureihe 221 für die Eifelstrecke vielleicht „überdimensioniert" war, ganz egal, endlich hatten wir diese populären Dieselloks auf der Strecke.

Die absolut erste Fahrt des D15 136 fand im September 1983 statt, die Rückfahrt von Trier nach Münster erfolgte immer als Leerreisezug LR37 137. Die erste 221, die den D15 136 beförderte, war 221 129-0. Ich erinnere mich noch genau daran. Da es mir aus beruflichen Gründen nicht möglich war, am Vormittag den D15 136 zu fotografieren, wollte ich unbedingt den LR37 137 mit 221 129-0 aufnehmen. Aber ich hatte die Rechnung ohne Petrus gemacht, es regnete in Strömen. Ich wartete trotzdem. Nun sind Leerreisezüge ja nicht besonders wichtig, Verspätungen sind da vorprogrammiert. Planmäßig sollte LR37 137 den Bahnhof Liblar (heute Erftstadt) um 17.00 Uhr passieren, doch wann kam der Zug? Um 19.45 Uhr. Das Wasser lief mir inzwischen aus den Schuhen. Aber ich hatte die absolut erste Fahrt einer 221 auf der Eifelbahn „im Kasten". Später hatte ich mit dem Wetter mehr Glück. Die Einsatzzeiten der Baureihe 221 vor dem D15 136 plante die Oberzugleitung nach einem festen Lok-Umlaufplan an drei Einsatztagen: Montag, Mittwoch und Freitag. „Stammloks" vor diesen Zügen waren: 221 101-9, 221 102-7, 221 104-3, 221 107-6, 221 114-2, 221 116-7, 221 122-5, 221 129-0 und 221 131-6. Neben dem D15 136 beförderten die 221 auch Bauzüge und Sonderzüge. Für die Eisenbahnfreunde war es eine herrliche Zeit, die 221 bei den vielen An- und Abfahrten vom Zugfenster aus zu erleben. Ich hatte oft auf dem Führerstand meinen „Logenplatz", dort konnte ich sogar Tonaufnahmen von dieser Baureihe machen. Allerdings habe ich grundsätzlich nur Maschinen ausgewählt, die nicht vorschallgedämpft waren. Ob manchem Reisenden damals eigentlich bewusst war, was für besondere Dieselloks den D15 136 beförderten? Ich denke nein. Der letzte D15 136 fuhr am 29. April 1985. Zuglok an diesem denkwürdigen Tag war 221 131-6. Aber den absolut letzten D-Zug mit einer 221 auf der Eifelstrecke bespannte am 31. Oktober 1987 die heutige Museumslok der DB, 221 116-7. Lokführer war Franz Blobel, der später auch die V200 116 fachlich betreute und auch fuhr.

Doch zurück zum 31. Oktober 1987. Dieser Zug war ein Sonderschnellzug von Wetter (Ruhr) über Köln mit Zughalten in Liblar und Euskirchen nach Cochem (Mosel). Letztmalig konnte man die beiden Motoren der 221 116 hören, ein „Sound" wie man ihn danach viele Jahre nicht mehr hören sollte. Danach sah man Dieselloks der Baureihe 221 auf der Eifelbahn nur noch selten. Zuletzt 221 140-7 am 23. Januar 1988 mit einem Sonderzug nach Trier. Die Einsätze der Baureihe 221 endeten beim BW Oberhausen 1 zum Sommerfahrplan 1988. Nach der Z-Stellung (Zurückstellung von der Ausbesserung) wurden die 221 aus dem Betriebsdienst genommen und im BW hinterstellt. Bei der 221 war das der erste Schritt zur endgültigen Ausmusterung. Manchmal werden Z-gestellte Loks doch noch einmal in Dienst gestellt. Bei der 221 geschah das nur mit 221 137-3, die als Ersatz für die abgestellte 221 108-4 (Unfall) reaktiviert wurde. Für die Ausmusterung der 221 gab es verschiedene Gründe, die wichtigsten waren u. a., dass der Güterverkehr stark rückläufig war, so dass genügend einmotorige Dieselloks vorhanden waren, die beiden Maschinenanlagen, die gegenüber den einmotorigen Dieselloks höhere Wartungskosten verursachten sowie die fehlenden Vielfachsteuerungen, so dass bei den schweren, mit zwei 221 bespannten Zügen auch jede Maschine mit einem Lokführer besetzt werden musste. Die letzten 221 wurden beim BW Oberhausen 1 am 30. Juni 1988 ausgemustert. Im August 1988 waren die Loks folgendermaßen verteilt:

BW Gelsenkirchen-Bismarck: 221 111, 221 112, 221 125, 221 126, 221 128, 221 129, 221 131, 221 134, 221 139, 221 141

221 132-4
Unfallausbesserung
AW Nürnberg
22. Dezember 1984
Sammlung: Folkers

221 106-8 neben
221 118-3
Wintersport-5DZ!
Bhf Winterberg
Januar 1985

221 131-6
Abgestellte 221 im BW
Gelsenkirchen-Bismarck
9. April 1988

221 144-9 Im BW Duisburg-Wedau 1985 Sammlung: Folkers

Wanne-Eickel: 221 102, 221 110, 221 113, 221 127, 221 132, 221 136, 221 137, 221 138, 221 140, 221 142, 221 143, 221 145, 221 146

AW Nürnberg: 221 101, 221 103, 221 104, 221 105, 221 106, 221 107, 221 108, 221 109, 221 114, 221 115, 221 117, 221 118, 221 119, 221 120, 221 121, 221 122, 221 123, 221 124, 221 130, 221 132, 221 133, 221 135, 221 144, 221 147, 221 149

Die in Wanne-Eickel abgestellten Loks wurden bis zum Frühjahr 1989 teilweise zum BW Gelsenkirchen-Bismarck und teilweise ins AW Nürnberg überführt; Ende Mai 1989 wurden dann die letzten 221 ins AW Nürnberg überführt: 221 111, 221 112, 221 125, 221 126, 221 128, 221 129, 221 131, 221 134, 221 140 und 221 141. Damit endete – nach nur 26 Jahren – die Einsatzgeschichte der Baureihe 221 bei der Deutschen Bundesbahn. So dachte man zu dieser Zeit. Erhalten blieben die V200 116 als Museumslok der DB und 221 135-7, die sich im Privatbesitz von Barbara Pirch befindet.

Doch die Geschichte der Baureihe 221 geht noch weiter. Mit 221 133-2 fanden von Ende April bis Mai 1988 in Griechenland umfangreiche Erprobungsfahrten auf der Strecke Athen–Thessaloniki statt. Die 221 überzeugte, so dass sich die Griechische Staatsbahn OSE zum Kauf dieser Loks entschloss. Das Geschäft wurde über die Penzberger Verwertungsfirma Layritz abgewickelt. Die Lokgehäuse waren zuvor in Italien, die Antriebsaggregate im AW Nürnberg aufgearbeitet worden. Am 16. November 1989 trafen mit 221 105-0, 221 106-8 und 221 133-2 die ersten 221 in Athen ein. Sie erhielten bei der OSE die Lok-Num-

221 122-8 Abgestellt mit Unfallschäden im AW Nürnberg, 5. August 1987 Sammlung: Folkers

221 114-2 2200 t Kohlezug in Oberhausen-West Mai 1981 Sammlung: Folkers

Mit eigener Kraft zur Abstellung! 83426 in Gemünden/Main 28. Mai 1987
221 106-8/ 109/ 101/ 105/ 113/ 118/ 119/ 121/ 114

221 104-3 und 221 136-5 Zug 58001 4200 t Duisburg Hochfeld-Süd 20. Februar 1982 Sammlung: Folkers

mern 411, 412 und 413. Die restlichen 17 Maschinen folgten bis zum 9. Mai 1990: 221 129 = 414, 221 117 = 415, 221 147 = 416, 221 136 = 417, 221 134 = 418, 221 124 = 419, 221 122 = 420, 221 112 = 421, 221 119 = 422, 221 145 = 423, 221 107 = 424, 221 126 = 425, 221 127 = 426, 221 121 = 427, 221 138 = 428, 221 146 = 429, 221 137 = 430.

Die ehemaligen DB V200.1 waren beim BW Agios Joannis in Athen stationiert und bespannten Reise- und Güterzüge. Doch für die griechischen Eisenbahner war der dieselhydraulische Antrieb ein Problem, das letztlich zur Abstellung der ehemaligen DB 221 führte.

Auch Albanien zeigte Interesse an den ausgemusterten 221. Über die Firma Krupp Industriehandel wurden bei der Regentalbahn RAG in Viechtach (Bayerischer Wald) folgende 221 für Albanien aufgearbeitet: 221 109-2 = HSH 2005, 221 118-3 = HSH 2001, 221 125-8 = HSH 2003, 221 131-6 = HSH 2004, 221 140-7 = HSH 2002.

Die Loks bekamen neben einer Hauptuntersuchung einen leuchtend roten Anstrich in der Hauptwerkstatt der RAG. Die Überführung nach Albanien begann Ende 1989. Wenig später gab es eine weitere Option aus Albanien, zu einem Kaufvertrag ist es jedoch nie gekommen.

Im Oktober 1993 kam es wegen der desolaten Rohstofflage, dem Zusammenbruch der Industrie und der bereits bekannten Probleme des dieselhydraulischen Antriebs zur Abstellung der 221, die von Anfang an sowieso nur sehr spärlich eingesetzt wurden. Die fünf ehemaligen 221 sind inzwischen komplett „ausgeschlachtet" und bieten heute nur noch einen traurigen Anblick. Etwas besser erging es da den 221 in Griechenland. Im Juni 2002 kehrten alle 221 nach Deutschland zurück. Die Prignitzer Eisenbahn-Gesellschaft (PEG) kaufte sämtliche 20 Dieselloks der Ex-DB-Baureihe 221 von der Staatsbahn in Griechenland zurück. Die PEG rechnen sich mit den zweimotorigen Großdieselloks gute Chancen im Güter- und Sonderzugverkehr aus. Aufgearbeitet werden die Loks nach und nach bei der Ostmecklenburgischen Bahnwerkstatt Neustrelitz (OMB), so dass wir auch heute wieder, im 21. Jahrhundert, die ehemaligen 221 auf Strecken der Deutschen Bahn „erleben" können.

Betriebsfähig sind bisher folgende Loks: 221 122-5 in DB-Rot (EFW-Verkehrsgesellschaft Frechen), 221 117-5 in DB-Rot (EFW-Verkehrsgesellschaft Frechen), 221 136-5 in Blau (OHE Osthavelländische Eisenbahn), V 270.06 in Gelb (221 106-8) (EBW-Cargo Würzburg). Die V 270.06 erhielt als erste 221 neue Motoren von Deutz mit je 993 kW Leistung, Typ TBD 620 V 12. Damit steigt die Firma Deutz nach langer Pause wieder in das Lokgeschäft ein.

Besonderen Dank für techniche Daten, Fotos und Übersichtszeichnungen über die V 200 gilt an dieser Stelle der Firma Krauss-Maffei in München, dem Hauptlokführer Franz Blobel und Manfred Kantel, die mich mit Dias und vielen Informationen über die 221 unterstützt haben. Ohne diese beiden Lokführer aus Oberhausen wäre der Bericht so nicht zustande gekommen.

221 106-8 BW Oberhausen-1 Januar 1986

221 116-7 SDZ 28353 Wülfrath-Winterberg (Aufnahme!) 29. Februar 1988

Sammlung: Folkers

Technische Daten der V200.1/221

Größte zulässige Geschwindigkeit	140 km/h
Kleinste Dauergeschwindigkeit	30 km/h
Länge über Puffer	18440 mm
Größte Höhe	4267 mm
Größte Breite	3082
Treibraddurchmesser	950 mm
Achsfolge	B'B'
Dienstgewicht	bei zwei Drittel Betriebsvorräten 78 t
Achslast bei vollen Vorräten	20,25 t
Dieselkraftstoff	3200 Liter
Heizöl	1000 Liter
Kesselspeise Wasser	3600 Liter
Motortyp	Daimler-Benz MB 835 Ab mit Aufladung (später MTU MB 12V 652)
Bauart	V-Form 45 Grad
Arbeitsverfahren	Vorkammer Zentral 4-Takt
Nennleistung	2 x 993 kW (2 x 1350 PS)
Motorregler	Maybach und Daimler-Benz Füllungsregler
Maximale Drehzahl des Abgasturboladers	23000 U/min
Kraftübertragungsanlage	Maybach-Mekydro-Getriebe K 184 U
Achsgetriebe	Maybach C 34
Heizanlage	Hagenuk-Heizdampfkessel (Vapor Heating) Typ OK 4616

V 200 107 Fabrikneu! Testfahrt Bhf Reichertshausen Januar 1963 Werkfoto. Krauss-Maffei München

221 135-7 M BW Krefeld 05. August 1995 Sammlung: Folkers

V 200 116 SDZ Ausfahrt Köln Hbf 12.August 1995

V200 116 Detailaufnahme Führerstand!

V 200 033 bei Hamm-Pelkum (D-Zug der 60er Jahre!) 19. August 1995 Sammlung: Folkers

221 135-7 und E 10 121 SDZ Durchfahrt Bhf Erftstadt-Liblar, 1. September 1995

V200 116 Bhf Köln-Deutz Tief, 9. August 2003

221 122-5 EFW-Lok! LZ Bhf Köln-Süd, 8. August 2003

Ein Maler der schönen Eisenbahn

Erinnerung an Hermann Schneider

von Alfred Gottwaldt

Vor einhundert Jahren wurde der Maler und Graphiker Hermann Schneider geboren, der zwischen 1930 und 1950 eine ganze Reihe ansehnlicher Plakate und Prospekte für die Eisenbahn und ihre Industrie gestaltet hat.

Hermann Schneider kam am 18. November 1904 in München zur Welt. Nach dem Ersten Weltkrieg studierte er Architektur und dekorative Malerei an der Kunstgewerbeschule seiner Heimatstadt, doch nach der Abschlußprüfung wandte er sich nach Berlin. In der Reichshauptstadt leitete er von 1928 bis 1934 die Zeichenateliers der Annoncenexpedition von Rudolf Mosse, eines großen jüdischen Verlegers. Dort entwickelte sich bereits ein wichtiges Merkmal seiner Arbeit, die ausdrucksvoll gezeichneten Schriften.

Anschließend betrieb er im Berliner Stadtteil Friedenau ein Atelier für Gebrauchsgraphik. Zu seinen wichtigsten Kunden zählten die Deutsche Reichsbahn und die Deutsche Lufthansa. Seine eigene, selbstbewußte „Reklame" aus jener Zeit zeigte ein Schiff, ein Automobil und ein Flugzeug. An dem 1933/35 in Berlin – zuerst in Rudolf Mosses Buchverlag – mit zwei Auflagen herausgegebenen „Internationalen Auto-Reise-Führer" von Fritz Kirchhofer unter dem Titel „Über schöne Landstraßen" fallen erstmals die eigenwillig gezeichneten Landkarten auf, die in Hermann Schneiders künstlerischem Werk fortan immer wieder vorkommen sollten.

Das besondere Kennzeichen der folgenden Arbeiten Hermann Schneiders waren seine kühnen, gewaltig aufragenden Perspektiven und seine kühlen, lichten Aquarelltöne. Am besten wirkten sie farbig, wenn auch einzelne Auftraggeber seine Bilder nur in Schwarzweiß-Wiedergabe drucken konnten. Sein technisches Können war perfekt, aber sein Stil war deutlich anders als das stark expressionistische Wollen des älteren Berliner Kollegen und Lehrmeisters Jupp Wiertz (1888–1939) als Plakatmaler für den Reichsbahn-Kalender, dessen Werk in Lok-Magazin 2/2001 vorgestellt wurde.

Im Auftrag der „Reichsbahnzentrale für den Deutschen Reiseverkehr" entstand bei Hermann Schneider im Olympiajahr 1936 ein großes Plakat der Stromlinien-Schienenfahrzeuge unter dem Titel „Deutsche Eisenbahn – sicher, schnell, bequem", das

Der Reiseprospekt „Deutsche Eisenbahnen" von 1936 enthielt zwei Dutzend Aquarelle von Hermann Schneider

Dampflok und Schnelltriebwagen der Reichsbahn, gesehen 1936 von Hermann Schneider

Der Führerstand des „Fliegenden Hamburgers" in der Reichsbahnfotografie von 1933 …

… und im Aquarell Hermann Schneiders für die Deutsche Reichsbahn von 1936

in sieben Sprachen (deutsch, englisch, französisch, spanisch, schwedisch und andere) ausgeliefert wurde. Auffällig daran war, wie die Fachzeitschrift „Gebrauchsgraphik" im Januar 1937 meinte, „die starke Überschneidung".

Hinzu kamen einige farbenfrohe Reiseprospekte für den Einsatz im Ausland, die teilweise auch noch 1937 mit fremdsprachigen Texten gedruckt wurden. An dem Beispiel des Führerstandes im „Fliegenden Hamburger" ist unschwer zu erkennen, daß Schneider seine Bilder auf der Grundlage von bekannten Fotografien entwickelt hat, denen er neben einer gewissen Überhöhung damals vor allem die Farben gegeben hat. Andererseits waren seine Bilder nicht „fotorealistisch" in der Art, wie sie eine Strömung der Graphik erst in den Jahren nach 1970 wollte.

Hermann Schneider lebte vor siebzig Jahren in einer Zeit, als man noch kaum farbig fotografierte und Mühe damit hatte, die bunten Fotos überzeugend zu drucken: Der Schnelltriebwagen und der Streckengeher, der Schrankenwärter und die Eisenbahnbrücke im Gebirge, der Leipziger Hauptbahnhof und der Rheingoldzug zählten ebenso zu seinen Motiven wie der Lokführer, die Zugspitzbahn, ein Doppelstockzug der Lübeck-Büchener Bahn oder das Eisenbahnfährschiff in Saßnitz. Daneben bildeten die Reichsautobahnen und das „Haus der deutschen Kunst" in München seine Motive.

Die Druckwerke waren „Reklame" und erscheinen als Bestandteile einer positiven Propaganda für das Deutsche Reich; seine Bilder erzählten von der Modernität der Eisenbahn und von der Idylle im nationalsozialistischen Staat gleichermaßen. Und die „Masse" ist häufig sein Thema, und zwar nicht bei Menschen, sondern bei Maschinen. Auch die Lufthansa gab Hermann Schneider damals einige Aufträge, etwa 1936 ein Plakat als Reklame für eine Direktflugverbindung von Berlin nach Stockholm oder ihre prächtige Festschrift „10 Jahre Deutsche Lufthansa 1926–1936". Sein gestalterisches Meisterstück war nicht frei von den Hakenkreuzen jener Zeit.

Im Jahre 1938 konnte Hermann Schneider den Motorenhersteller Maybach in Friedrichshafen am Bodensee als Kunden gewinnen, der damals schnelllaufende Dieselmotoren zu den Triebwagen der Reichsbahn und anderer Staatsbahnen lieferte. Auch die heute sehr gesuchten Farbbeilagen zum Autoprospekt für den luxuriösen „Schwingachswagen SW 38" hat er entworfen. Für Maybach hat Schneider selbst im Jahre 1950 noch gearbeitet, als er mit seinem Atelier wieder nach München zurückgekehrt war. Besonders wichtig erscheint seine Mitwirkung als Zeichner an dem Werbeheft für „eine neue Art der Dieselzugförderung" durch 1000-PS-Schlepptriebwagen. Von denen konnte er als Maler eine kraftvolle Vision geben, ohne daß diese Fahrzeuge tatsächlich existierten. In den folgenden Jahren wurden aber Fotografien in der Werbung immer wichtiger.

1955 kam im Frankfurter Umschau-Verlag ein repräsentatives Werk unter dem Titel „Die Wieder-

Schneiders berühmtes Plakat „Deutsche Eisenbahn – sicher, schnell, bequem" von 1936

Anzeige Schneiders für Maybach im „Organ für die Fortschritte des Eisenbahnwesens von 1938

entdeckung der Wasserstraßen" als „das Buch von der deutschen Binnenschiffahrt" mit Texten von Willi Schickling heraus. Gestaltung, Graphik und Illustrationen stammten von Hermann Schneider. Der Zentralausschuß der deutschen Binnenschiffahrt hatte diese Werbeschrift finanziert, und Rolf Küch aus München hat sie produziert. Neben den unverändert farbig gezeichneten und immer noch schönen Ansichten Schneiders von den deutschen Häfen, Schiffen, Flüssen und Kanälen sind in diesem Buch zahlreiche Schwarzweißfotografien enthalten.

Im Oktoberheft 1958 der Münchener Zeitschrift „Graphik" erhielt der Werbegraphiker Hermann Schneider eine umfassende Würdigung seines naturalistischen Werkes durch Theo Dornfuß, der die Herkunft Schneiders von der Architekturzeichnung sowie den lebendigen „Schwung und Schmiß" in seinen Arbeiten lobte. Der Text endete mit den Worten: „Bestechend bleibt das appetitlich Coloristische seiner Blätter, aber auch sein sicherer Strich, der Landschaftliches genauso beherrscht wie die komplizierte Vielfalt einer weiten Werk- oder Maschinenhalle. Bestechend schließlich wirkt auch seine Kunst der perspektivischen Darstellung." Zugleich wurden einige jüngere Auftraggeber des Ateliers (Bergische Stahl-Industrie, Süddeutsche Kalkstickstoff-Werke und Staatsbad Wildungen) vorgestellt.

Schneider hatte sein Büro zuletzt in der Martiusstraße von Schwabing, nicht weit vom Englischen Garten entfernt. Von 1958 bis 1960 hat er eine Anzeigenserie für den Süddeutschen Verlag entworfen, die mit naturnahen städtebaulichen Schilderungen der modernsten Münchener Bauwerke daherkam.

Leider ist es Schneider in den folgenden Jahren nicht mehr gelungen, so dramatisch und kraftvoll im Stil der Wirtschaftswunderzeit aufzutreten wie sein berühmter Stuttgarter Kollege Walter Gotschke (1912–2000), der noch bis 1965/70 viele technische Themen von Straße und Schiene für Daimler-Benz und Ford malerisch gestaltete. Selbst einen schönen Auftrag von Maybach-Motorenbau für ein Jubiläumsbuch hat Gotschke damals erhalten.

Am 12. März 2000 ist Hermann Schneider hochbetagt in München gestorben, inzwischen weitgehend vergessen. Zu seinem hundertsten Geburtstag sei hier an diesen farbenfrohen, realistischen Propagandisten der alten Deutschen Reichsbahn und der Maybach-Motorenwerke erinnert.

Schneiders Umschlag zu dem Prospekt „Eine neue Art der Dieselzugförderung" mit Schlepptriebwagen von Maybach, 1950

Reklame für Hermann Schneiders Atelier in Berlin, 1937

Zwei Motive von Hermann Schneider aus der Festschrift „10 Jahre Deutsche Lufthansa" von 1936

Die ersten deutschen Vierkuppler

von Lothar Spielhoff

Die vierfach gekuppelte Einrahmenlokomotive, also mit der Achsfolge D, erschien vereinzelt bereits in den vierziger Jahren des 19. Jahrhunderts in Nordamerika. Im Jahre 1855 kam sie durch Entwürfe auch zum Semmering-Wettbewerb in Österreich, kurz darauf nach Frankreich. Auf der österreichischen Brennerbahn war die „D" zuerst mit Außen-, später mit Innenrahmen bald ein alltägliches und nicht mehr entbehrliches Zugmittel für schwere Züge. Unter den 4/4-gekuppelten Gattungen, die bis 1892 in Deutschland beschafft wurden, machte sich der österreichische Einfluss bemerkbar.

Die Hessische Ludwigsbahn, die bis zur Jahrhundertwende – neben der Main-Neckar-Bahn – den Eisenbahnverkehr in den Provinzen Rheinhessen und Starkenburg des Großherzogtums Hessen inne hatte, nahm 1870/71 die Odenwaldstrecke Darmstadt – Wiebelsbach – Heubach – Erbach sowie 1887 deren Verlängerung Erbach – Eberbach mit 30,83 km in Betrieb. Die Strecke hat lange Steigungen bis 1:70, ferner enthält sie den 3,1 km langen und größten eingleisigen Krühberg-Tunnel des regelspurigen deutschen Bahnnetzes.

Für die Strecke wurden die ersten deutschen D n2-Lokomotiven beschafft, um schwere Züge über die Strecke zu bringen. Insgesamt wurden von der

Die erste Vierkuppler-Bauart war die Gattung E der Hessischen Ludwigsbahn, D n2, Bahn-Nummer 91, OTZBURG, 1869 von der Maschinenfabrik Esslingen gebaut

Die badische Gattung VIIIa D n2, Bahn-Nr. 352, von der Hannoverschen Maschinenfabrik, vorm. Egestorff, 1875 gebaut

Badische Gattung VIIIb, D n2, Bahn-Nr. 184, gebaut von Sharp Stewart (England), Baujahr 1886, kam erst 1894 zur Badischen Staatsbahn

Maschinenfabrik Esslingen acht Stück geliefert: 1869 mit den Fabriknummern 910 und 911, 1871 die Nummern 1104-1106 und 1872 die Nummern 1158-1160. Bei der Bahn erhielten sie die Betriebsnummern 90-93,89 und 94-96 mit den Namen ODENWALD, OTZBERG, RIED, WIESBERG, BREUBERG, FELDBERG, ELSASS und LOTHRINGEN. Als Bahnreihenbezeichnung trugen sie den Buchstaben „E". Diese ersten deutschen D-gekuppelten Lokomotiven waren etwas leichter als die erwähnten ersten österreichischen Brenner-Maschinen, glichen ihnen aber äußerlich. Sie hatten einen Außenrahmen, einen hoch liegenden Kessel, der überhängend war, Außenzylinder und äußere Allan-Trick-Steuerung, in Kesselmitte einen großen Dampfdom mit Gewichts-Sicherheitsventil und ein halb offenes Führerhaus. Damals war es üblich, dass die Füllungs- und Fahrtrichtungseinstellung durch eine Kombination von Händel und Schraube vorgenommen wurde. Der zugehörige Tender war dreiachsig mit 9 bzw. 10 m^3 Wasservorrat und vier Tonnen Kohle.

Die Lokomotiven wiesen mit nur 11t Achslast kein größeres Reibungsgewicht auf als dreifach gekuppelte mit je knapp 15t. Mit ihrem geringen Raddurchmesser von 1080 mm und dem verhältnismäßig großen Hub von 610 mm hielten sie die untere Begrenzung der Fahrzeuge nicht ganz ein. So wurden sie zwischen 1890 und 1894 in der damaligen Zentralwerkstatt Mainz in C-Lokomotiven umgebaut. Dabei erhielten sie neue Kessel, Innenrahmen und Innensteuerung. Nur die Nr. 94, deren Kessel damals erneuert wurde, blieb als D-gekuppelte Maschine erhalten. Die umgebauten Lokomotiven wurden zur Reihe D 3 eingereiht. Soweit bekannt, ist die Nr. 94, die einzige E, um die Jahrhundertwende ausgemustert worden. Die umgebauten E als neue Gattung D 3 erhielten neue Betriebsnummern: 800-806. Mit

Die Bahn-Nr. 351 der Gattung VIIIa, 1875 erbaut von Hanomag, mit dreiachsigem Tender

Pfälzische G 3, D n2, Bahn-Nr. 31, später DRG 55 7002, DAHN, in typischer englischer Originalausführung, Baujahr 1888

dem weiteren Ausbau der Schwarzwaldbahn (Offenburg-Singen) konnte 1873 der Mittelabschnitt Hausach-Villingen mit langen Steigungen 1:50 eingeweiht werden. Für diese Strecke bezog die Badische Staatsbahn 1874 ihre ersten Vierkuppler. Die Lieferung dieser Lokomotiven wurden unter den deutschen Lokomotivherstellern ausgeschrieben. Nicht erklärbar ist heute, warum keine der heimischen und benachbarten Lokomotivfabriken (M.B.G. Karlsruhe, E.M.B.G. Grafenstaden und M.F. Esslingen), über deren Kreis man sonst kaum hinauskam, die neue Bauart liefern konnte (oder wollte), und die Hannoversche Maschinenbau AG, vorm. Egestorff, später Hanomag, mit der Lieferung betraut wurde.

Die Lokomotiven, als neue Gattung VIIIa, waren die ersten deutschen Vierkuppler mit Innenrahmen. Im äußeren Stil wie in ihren Abmessungen, z.B. Zylinder-, Hub und Treibraddurchmesser, entsprachen sie den bewährten Dreikupplern der Gattung VIIa. Mit der für ihre Zeit ungewöhnlichen lichten Rohrlänge von 5060 mm erreichten sie die größte Heizfläche nicht nur der hier besprochenen, sondern auch aller späteren D-Nassdampflokomotiven in Deutschland, ausgenommen die 32 Jahre jüngere

Pfälzische G 3, D n2, Bahn-Nr. 72, spätere DRG 55 7004, LEININGEN, Baujahr 1887. Das Führerhaus trägt bereits vertraute bayerische Züge und das Sicherheitsventil; nur noch der Dom und die Rahmenvorderpartie erinnern andie typisch englische Konstruktion

Pfälzische G 4^1, D n2, Bahn-Nr. 220, später DRG 55 7212, LUSTADT, Baujahr 1898. Die gleiche Bauart wie die preußische G 7^1, jedoch mit Heusinger-Steuerung

preußische Gattung G 9, was allerdings leistungsmäßig kaum Auswirkungen hatte, weil die Rostfläche dazu nicht ausreichend bemessen war. Das Triewerk hatte eine innere Allan-Steuerung, der Tender war dreiachsig. Sie erhielten die Bahn-Nummern 344-355 als Gattung VIIIa, die Fabriknummern waren die 1256-1267.

Geliefert wurden zwölf Lokomotiven, die nach der Ablieferung sofort zur Schwarzwaldbahn kamen. Jedoch blieben sie nicht allzu lange dort. Man erkannte sofort den großen Nachteil des langen, festen Achsstandes von 3924 mm für die engen Radien. Der Verschleiß an den Schienen und an den Spurkränzen war enorm. Seitenverschiebliche Achsen und Spurkranzschwächung waren noch nicht gängige Praxis.

Die Lokomotiven wurden nach ca. zwei Jahren von der Schwarzwaldbahn abgezogen, teils kamen sie auf die Oderwaldbahn Heidelberg-Würzburg mit Steigungen 1:60, teils auf die Strecke Karlsruhe-Pforzheim mit der Wilferdinger Steilrampe 1:79. Auf diesen Strecken sind sie auch verblieben. Um eine bessere Bogenläufigkeit zu erreichen, wurde versucht, die erste und vierte Achse mit einem Seitenspiel von 12,5 mm zu versehen. Nachdem diese Verbesserungen vorgenommen worden waren,

Pfälzische G 4^1, D n2, Baujahr 1898, als Rangierlok im Hüttenwerk Neunkirchen/Saar

Pfläzische G 5, D n2, später DRG 55^{59}, Baujahr 1905, im Ablieferungszustand

Pfälzische G 5, D n2, Bahn-Nr. 74, spätere DRG 55 5918, Baujahr 1906, hatte den Namen HOCHSPEYER

Preußische G 7^1, D n2, mit DRG-Nr. 55 038, vormals 4492 KED Königsberg, Führerseite, Baujahr 1899

Preußische G 7[1], D n2, mit DRG-Nr. 55 038, Heizerseite

wurden einige Lokomotiven wieder auf der Schwarzwaldbahn eingestzt und verblieben dort bis 1893. Nach der Jahrhundertwende wurden sie ausgemustert, die Nr. 351 als letzte im Jahre 1915.

Die Jahre 1892 bis 1894 brachten für die Badische Staatsbahn nochmals die Gelegenheit, englische D-Kuppler zu erwerben. 1886 hatte eine norwegische Privatbahngesellschaft 20 Lokomotiven bei der Fa. Sharp Stewart und Co. in Manchester bestellt und nicht mehr abnehmen können. Diese waren für die Strecke Narvik-Boden, die bekannte Erzbahn, vorgesehen. Dem Unternehmen gingen jedoch frühzeitig die Mittel aus. Erst einige Jahre später bauten die beiden Staaten die Bahn aus. So konnte die norwegische Lofotenbahn im Jahre 1902 und die schwedische Reichsgrenzenbahn 1903 den Betrieb eröffnen.

Die Lokomotifabrik musste nun Abnehmer für ihre Lokomotiven suchen. VierStück gingen 1889/97 an die britische Barry-Bahn – es waren übrigens die ersten Vierkuppler in England selbst – und weiteren sechs Stück als Gattung G 3 an die Pfälzischen Eisenbahnen, wo sie alle Namen erhielten. Zur Badischen Staatsbahn kamen im Jahre 1892 drei Stück, 1893 weitere drei und 1894 wurden die restlichen vier Maschinen abgeliefert, wo sie unter der Gattung VIIIb eingereiht wurden. Dabei erhielten die Fabriknummern 3366, 3393, 3395 bis 3399 und 3438 bis 3440 die badischen Bahnnummern 102, 105, 144, 56, 57, 242, 180, 184, 191 und 238, die Fabriknummern 3400 und 3441 bis 3445 die pfälzischen

Preußische G 7[1], D n2, DRG-Nr. 55 455, vormals Cöln 4547, Baujahr 1908, in Köln-Kalk am 15.8.1931, mit Luftpumpe sowie Schutz am Führerhaus und Tender für längeres Rückwärtsfahren

Preußische G 7^2, D n2v, DRG-Nr. 55 797, vormals Elberfeld 4648, Baujahr 1900

Preußische G 7^2, D n2v, DRG-Nr. 55 1046, vormals Hannover 4663, Baujahr 1907

Preußische G 7^2 D n2v, DRG-Nr. 55 1291, vormals Cassel 4794, Baujahr 1909, später auf Heißdampf umgebaut

Nummern 72, 30, 31, 33, 187 und 188. Die badischen Lokomotiven bekamen keine Namen mehr, die pfälzischen hießen LEININGEN, LINDAU, DAHN, BERGZABERN, MADENBURG und ROHRBACH.

Die badischen VIIIb und die pfälzischen G 3 hatten alle einen inneren Blechrahmen, Crampton-Kessel (der Stehkessel war nicht überhängend), ein Außentriebwerk mit innerer Stephenson-Steuerung sowie einen zweiachsigen Tender

Die 16 badischen und pfälzischen Lokomotiven waren die letzten, die eine britischen Lokomotivfabrik in das Deutsche Reich lieferte. Da die Maschinen ein wesentlich günstigeres Verhältnis von Rost- zu Heizfläche aufweisen als die VIIIa, waren sie dieser trotz einer um 40 Prozent geringeren Gesamtheizfläche keineswegs unterlegen.

Nach Ablieferung wurden auch diese Lokomtiven auf der Schwarzwaldbahn eingestzt. In Bezug auf ihre Bogenläufigkeit wurde ihnen jedoch das selbe negative Urteil ausgesprochen wie den VIIIa-Lokomotiven. Sie wurden danach alle zur Odenwaldbahn umgesetzt und verblieben dort. Die G 3 wurden hauptsächlich auf der Strecke Neustadt-Kaiserslautern-Homburg eingesetzt. Beim Bahnpersonal erhielten die Lokomotiven den Spitznamen „Kaputziner", weil sie einen ungewöhnlichen braunen Anstrich hatten, der ungefähr der Farbe der Kapuziner-Kutten ähnlich war. Der Anstrich glich nicht der braunen pfälzischen Lokomotiv-Farbanstriche.

Das Dienstgewicht lag um 1,6 t höher als bei der VIIIa, obwohl die Heizfläche um 76,4 m² kleiner war. Dies wurde wiederun durch die fast gleiche Rostfläche und das günstigere Verhältnis 1:51 von Rost- zu Heizfläche erreicht. Bei der VIIIa betrug das Verhältnis 1:92, da sie noch den kleinen badischen Rost hatte.

Im Laufe der Jahre erhielten vier Lokomotiven einen Ersatzkessel der Gattung IVe. Es waren dies die Bahnnummern 102, 105, 238 und 242. Daraus ergeben sich auch abweichende Maße für heizflächen und Dampfdruck. Beim Personal waren die Loks beliebt. Die solide englische Werkmannsarbeit ließ sehr selten Schäden auftreten. Die VIIIb hatten eine höhere Zughakenleistung. Dazu erhielten sie eine Druckluftbremse. Beide Gattungen, VIIIb und G 3, haben den Ersten Weltkrieg überlebt. Die VIIIb 105, 184 und 238 wurdenauf Grund des Waffenstillstandsvertrags an die französische Ostbahn abgeliefert, wo sie mit den Nummern 4700 bis 4702 der Serie IX zugeordnet wurden. Die übrigen gingen in den Bestand der Deutschen Reichsbahn über, wurden aber vor der Umzeichnung 1923 ausgemustert. Noch im Umzeichnungsplan von 1923 waren die G 3 als 55 7001-55 7006 vorgesehen, wurden aber 1924 ebenfalls ausgemustert. Mit den Gattungen VIIIa und VIIIb war die Geschichte der D-Lokomotive in Baden beendet. Für die Schwarzwaldbahn kamen nun B'B-Mallet- und später die 1'D-Maschinen. Bei der Pfalzbahn ging die Beschaffung von D-Kupplern weiter. Im Jahre 1898 kam die G 4.1 und 1905 die G 5. Etwa zur gleichen Zeit kamen in Preußen 1895 die G 7.1 und G 7.2, 1902 die G 8, 1907 die G 9 und als letzte 1913 die G 8.1.

Doch gehen wir in den pfälzischen D-Kupplern weiter. Die Pfalzbahn musste im Laufe der Jahre für ihren Betrieb weitere Güterzuglokomotiven beschaffen. So kamen 1898 von Maffei, München, 12 Stück

Preußische G 8, D h2, DRG 55 1801, vormals Elberfeld 4865, Baujahr 1908

der neue Gattung G 4^1 mit den Bahnnummern 209 bis 220, den Fabriknummern 1913 bis 1924. Weitere 15 folgten 1899 mit den Bahnnummern 231 bis 245 und den Fabriknummern 2025 bis 2039. Ferner erhielten alle Lokomotiven einen Namen, und sie wurden mit einem schwarzbraunen Anstrich versehen. Beide Lieferungen unterschieden sich dadurch, dass die Lokomotiven des Jahres 1899 einen längeren Vorbau und einen geänderten Steuerungszug hatten, wodurch das Gesamtmaß über Puffer um 200 mm länger wurde. Nach Pfälzer Vorbild befand sich der Dampfdom in Kesselmitte, der Sandkasten davor hinter dem Schornstein, das Ramsbottom-Sicherheitsventil auf dem Stehkessel. Mit dem Zylinderdurchmesser 530 mm, dem Hub von 630 mm und dem Kesseldruck von 13 atü gehörten die G 4^1 nicht zu den stärksten Lokomotiven. Trotzdem hatten sie einen guten Ruf und genügten den damaligen Betriebsanforderungen.

Bis 1920 gehörten alle 27 pfälzischen G 4^1 zum Bestand. Die Bahnnummern 209 bis 220 und 231 bis 232 erhielten nach 1920 die DRG-Nummern 557201-7215. Die Bahnnummern 224 bis 245 mussten 1921 an die Saarbahnen abgegeben werden, wo sie sie Nummern 4403 bis 4414 erhielten. Die Lokomotiven 55^{72} der DRG wurden alle am 31.12.1925 als Splittergattung ausgemustert und einzelne später als Werklokomotiven verkauft.

Obwohl sich die G 4^1 gut bewährte, sah sich die Direktion der Pfalzbahn bereits im Jahre 1905/06 vor die Notwendigkeit gestellt, weitere 24 Güterzuglokomotiven der Achsanordnung D, diesmal als Verbundbauart, zu beschaffen. In der damals fortschrittlichen Zeit war sie eine moderne Bauart, allerdings ohne Überhitzer. Vorgesehen war ein Pielock-Überhitzer. Da dieser sich jedoch nicht bewährte, entfiel er wegen schlechter Ergebnisse. Die Zylinder waren deshalb reichlicher bemessen, als dies bei einer Nassdampflok erforderlich gewesen wäre.

In ihren wichtigsten Abmessungen unterschieden sich die G 5 von den 1895 beschafften G 4^1-Zwillingslokomotiven gering. Die gegen die Waagerechte 1:15 geneigten Zylinder waren mit dem leistungsfähigen Kessel etwas größer als die preußische G 8. Die G 5 erhielt als erste deutsche Nassdampfmaschine Kolbenschieber, und zwar die in Bayern gebräuchlichen der Bauart Carlquist. Eine Anfahrvorrichtung der Bauart Lindner und Luftsaugeventile auf den Schieberkästen vervollständigten die Verbunddampfmaschine.

Die Lokomotiven erhielten eine Rauchverbrennungseinrichtung der Bauart Staby, die aber infolge Nichtbewährung später wieder ausgebaut wurde. Beim Laufwerk hatte die zweite und vierte Kuppelachse wegen der Streckenverhältnisse eine Seitenverschieblichkeit von 25 mm nach jeder Seite. Die G 5 war außer der G 4^3 die erste Güterzuglokomotive, die in großer Stückzahl von Krauss, München, gebaut wurde. Alle anderen kamen von Maffei. 1905/06 wurden von Krauss 24 Lokomotiven geliefert.

Nach dem Ersten Weltkrieg musste die Pfalzbahn zwei Lokomotiven an die Paris-Orléans-Bahn abgeben. Die restlichen 22 kamen 1920 zur DRG mit den Betriebsnummern 555901 bis 555922. Ab dem Jahre 1926 begann die Ausmusterung, die letzten wurden 1929 abgestellt. Mit der G 5 beendete die Pfalzbahn

Preußische G 8, D h2, DRG 55 1840, vormals Cöln 4826, Baujahr 1908

Preußische G 8, D h2, DRG 55 2162, vormals Breslau 4873, Baujahr 1912, vor einem typischen Güterzug damaliger Zeit in Opladen am 26. September 1953

Auf der Steigung bei Wuppertal-Ronsdorf vor einem schweren Güterzug die G 8, 55 1806 und G 8[1], 55 3219

die eigene Entwicklung von Güterzuglokomotiven. Durch den Übergang der Pfalzbahn an die Bayerische Staatsbahn am 1.1.1909 wurde der Bedarf von der Staatsbahn abgedeckt.

Kommen wir nun zu den Gattungen der D-gekuppelten Güterzuglokomotiven der Preußischen Staatsbahn. Um 1890 wurde bei den Güterwagen die Tragfähigkeit von 15 t eingeführt. Nachdem die Güterzüge schwerer wurden, reichten die vorhandenen Güterzuglokomotiven auf steigungs- und krümmungsreichen Strecken in ihrer Leistung nicht mehr aus. Es musste dort immer mit Vorspann gefahren werden. Die Beschaffung einer Güterzuglokomotive mit größerer Reigungsmasse war unvermeidlich geworden. Die Stettiner Firma Vulcan begann 1892 mit den Entwürfen und lieferte 1892 die erste Lokomotive als neue Gattung G 7 ab. Sie waren die ersten vierfach gekuppelten Lokomotiven der Preußischen Staatsbahn. Erfahrungen über die Kurvenbeweglichkeit vierfach gekuppelter Triebwerke besaß Preußen damals noch nicht. Im Lieferzustand waren die Spurkränze der Treibachse (3. Kuppelachse) um 5 mm geschwächt. Versuchsweise wurden einige Lokomotiven mit spurkranzlosen Treibachsen nach amerikanischem Vorbild ausgeführt. Die KED Erfurt versuchte an einigen Maschinen bei Laufversuchen 8 mm Seitenverschiebbarkeit auf der 2. und 4. Kuppelachse zu erreichen. Erst zehn Jahre später, nachdem Gölsdorf in Österreich die „Gefahrlosigkeit" an Fünfkupplern ausführte, entschlosss man sich, der 2. und 4. Kuppelachse 10 mm Seitenverschiebbarkeit zu geben.

Der Kuppelraddurchmesser betrug 1250 mm, die Kessellage war niedrig, die Heiz- und Rauchrohrlänge betrug 4500 mm, die Achsfahrmasse 14 t. Die Zylinder waren schwach geneigt, um bei dem geringen Treibraddurchmesser innerhalb des Umgrenzungsprofis zu bleiben. Die Allan-Steuerung wurde beibehalten, jedoch war der Kreuzkopf erstmalig bei einer preußischen Lokomotive einschienig ausgeführt.

Von der G 7^1 wurden 1215 (laut anderen Quellen 1202) Exemplare gebaut. Die LBE beschaffte 1898 drei Lokomotiven. die Pfalzbahn veranlasste den Bau von 27 Stück als G 4^1 mit außen liegender Heusinger-Steuerung. In 1916 ließ die Preußische Staatsbahn 200 Lokomotiven nachbauen, um den Lokomotivmangel zu mindern. obwohl die Konstruktion 30 Jahre alt war. Die Nachbauloks unterschieden sich don der Urausführung durch 2 Sandkästen auf dem Kesselscheitel und einem Ventilregler. Die DRG übernahm von der Preußischen Staatsbahn 660 Loko-

Preußische G 9, D h2, als Essen 5108, spätere DRG 55 2317, Baujahr 1909

motiven dre Gattung G 7^1 und ordnete sie in die Betriebsnummern 55 001-55 660 ein. Eine Anzahl der Lokomotiven überstand nicht nur den Ersten, sondern auch den Zweiten Weltkrieg. Die letzte G 7^1 wurde bei der Bundesbahn im Jahr 1957, bei der Reichsbahn (DDR) im Jahre 1966 ausgemustert. Als Museums- bzw. Denkmallok sind zwei erhalten geblieben.

Neben der Nassdampf-Zweillingslok G 7^1 wurde auch eine Verbundbauart als D n2v Gattung G 7^1 in Dienst gestellt, die in der Serienlieferung als G 7^2 weitgehend identisch mit der G 7^1 war. In der Reichsbahnzeit wurden G 7^1 wie auch G 7^2 auf Heißdampf umgebaut in der Nummerung nicht besonders gekennzeichnet. Von der Verbundlok G 7^2 wurden 1638 Stück gebaut. Nach 1919 mussten beachtliche Stückzahlen als Reparationslieferungen nach Polen und Litauen abgegeben werden. Die DRG übernahm fast 700 Lokomotiven der Gattung G 7^2 als 55 701 bis 55 1392. Nach dem Zweiten Weltkrieg wurden alle noch vorhandenen G 7^2 bei der Bundesbahn wie auch der Reichsbahn ausgemustert.

Nach der Bewährung des Heißdampfbetriebes bei Reisezuglokomotiven veranlasste der Lokomotivdezernent der preußischen Staatsbahn, Garbe, bei der Stettiner Maschinenbau A.G. Vulcan den Bau von D h2-Güterzuglokomotiven als neue Gattung G 8. Bis zum Jahre 1906 wurden 153 Lokomotiven der Gattung G 8 mit Rauchkammerüberhitzer Bauart Schmidt geliefert. Äußerlich erkennbar waren sie an den halbzylindrischen Aufsätzen im oberen Teil der Rauchkammer. Da sich diese Überhitzerbauart nicht bewährte, wurden ab 1906 nur noch Rauchrohrüberhitzer, ebenfalls Bauart Schmidt, verwendet. Gegenüber der G 7^1 konnte die G 8 eine erhebliche Leistungssteigerung aufweisen. So fuhr die G 7^1 auf Steigungen von 5% mit 40 km/h 385 t, die G 8 dagegen konnte mit 700 t das Doppelte bewältigen. Geliefert wurden von der G 8 1045 (nach anderen Quellen 1050) Lokomotiven. Die DRG übernahm 656 mit den Betriebsnummern 55 1601 bis 55 2256. Nach dem zweiten Weltkrieg kamen etwa 200 G 8 zur Bundesbahn und ca. 50 zur Reichsbahn. Die DB-Loks wurden 1955 ausgemustert, während bei der DR die letzten im Jahre 1970 ausgemustert wurden.

Eine weitere D n2-Bauart war die 1908 von Schichau gebaute G 9. Sie war eine Übergangslösung, der keine Zukunft beschieden war, obwohl 1907 bereits 278 Lokomotiven der Gattung G 8 als Heißdampf vorhanden waren. Das Laufwerk stammte von der G 7^1/G 7^2, die Zylinder waren ebenfalls geneigt, die ersten 10 von Schichau gelieferten hatten noch innenliegende Allan-Steuerung, alle weiteren außenliegende Heusinger-Steuerung. Lediglich der Kessel mit einer Rostfläche von 3,05 m^2 war größer, sowie der Kesseldurchmesser.

Von der G 9 wurden bis 1913 insgesamt 200 Stück gebaut, wovon die DRG insgesamt 133 Stück als Baureihe 55^{23-24} mit den Betriebsnummern 552301 bis 55 2433 übernahm. Die Bundesbahn hatte 1946 noch 14 Heißdampfloks in Betrieb, die bis 1949 alle ausgemustert wurden. Bei der Reichsbahn (DDR) befanden sich fünf, davon wurden bis 1952 drei zerlegt, mit Ausnahme von zwei, die bis 1959 in Dienst standen. Eine davon kam als Heizlok in das Kraftwerk Vetschau.

Bei der 63. Beratung des preußischen Ausschusses für Lokomotiven vom 8. bis 11. November 1911 in Berlin legte Robert Garbe, der damaliger Lokomotivedezernent, einen von der Fa. Schichau ausgearbeiteten Entwurf einer verstärkten G 8-Lokomotive vor. Da sich die Reibungszugkraft aller bisher gebauten D-gekuppelten Lokomotiven an der Grenze befand, wurde die Forderung nach mehr Zugkraft laut. Diese wurde durch Verwendung stärkerer Rahmenbleche und einem größer dimensionierten Kessel erreicht. Als neue Bauart wurde die G 8^1 ab 1913 mit Rauchrohrüberhitzer und einem Speisewasservorwärmer gebaut. Dafür entfiel die Dampfstrahlpumpe auf der Heizerseite. Im Leistungsbereich zwischen der G 8^1 und der fünfachsigen G 10 (E h2) konnte die G 8^1 im oberen Geschwindigkeitsbereich eine höhere Zugkraft erbringen.

Auf krümmungsreichen Strecken war die G 8^1 mit vier Kuppelachsen der fünffach gekuppelten G 10 ebenfalls überlegen. Die G 8^1 hatte mit 4700 mm den größten Achsstand aller vierfach gekuppelten preußischen Güterzuglokomotiven. Eine weitere Verbesserung für den Betriebseinsatz der G 8^1 stellte die Entwicklung eines neuen dreiachsigen Tenders mit 16,5 m^3 Wasser und 7 t Kohle dar. Dadurch konnte der Aktionsradius der Lokomotive vergrößert und es konnten längere Strecken ohne Halt durchfahren werden. Es fanden auch Versuche mit einem Wasserrohrkessel der Bauart Stroomann statt. Da sich dieser nicht bewährte, wurde von weiteren Versuchen Abstand genommen. Die G 8^1 war die erfolgreichste preußische Güterzuglokomotive und gehörte mit der Personenzuglokomotive P 8 (Baureihe 38) zu den besten Konstruktionen Garbes. In den 8 Jahren von

Preußische G 8^1, G h2, als Magdeburg 4871, spätere DRG 55 2860, Baujahr 1914, mit Stroomann-Kessel, ab 1919/20 mit Normalkessel

Preußische G 8^1, D h2, als Halle 4867, spätere DRG 55 2842, Baujahr 1914, mit Fabriknummer 2000 der Firma Jung aus Jungenthal

Preußische G 8^1, D h2, als DRG 55 2897, vormals Frankfurt 4859, Baujahr 1914

Hauptabmessungen deutscher D-Schlepptenderlokomotiven

Bahnverwaltung		HLB	Baden	Baden	Pfalz	Preußen	Preußen	Pfalz	Preußen	Pfalz	Preußen	Preußen
Gattung		E	VIIIa	VIIIb	G3	G7.1	G7.2	G4.1	G8	G5	G9	G8.1
Baujahr		1868	1875	1888	1888	1895	1895	1898	1902	1906	1907	1913
Zylinder-Durchmesser	mm	500	530	508	508	520	530/750	530	550	540/810	550	600
Hub	mm	610	635	650	660	630	630	630	660	660	630	660
Treirad-Durchmesser	mm	1080	1242	1295	1260	1250	1250	1250	1350	1250	1250	1350
Radstand Lok	mm	3483	3924	4699	4699	4500	4500	4450	4500	4500	4500	4700
Ranstand Lok+Tender	mm	10500	11330	11540	11555	11775	11775	12015	12348	12488	11775	13155
Länge über Puffer	mm	15020	15550	15855	15805	16613	16620	16970	17968	17396	16758	18290
Rostfläche	m^2	1,81	2	2,1	2,1	2,3	2,3	2,3	2,4	2,5	3,1	2,66
Heizfläche	m^2	156,5	183,5	108/126	118,5	149,4	136,6	145,7	137,5	156,1	197,6	144,4
Überhitzerheizfläche	m^2								41,2			51,9
Dampfdruck	kg/m^2	8	9	10/13	10	12	12	12	12	14	12	14
Reibungsgewicht	t(Mp)	45	52,5	51/53	51,5	52,6	54,4	54,8	58,5	56,7	59	69,97
Dienstgewicht	t(Mp)	70	79,5	75,5	76,5	84,7	86,5	84,8	95,5	92,7	91,1	106,9
Wasservorrat	m^3	9/10	9/11,5	8,2	8,2	12	12	12	16,5	16	12	16,5
Kohlevorrat	t	4	4	4	4	5	5	6	7	7	5	7
gr. Geschwindigkeit	km/h	30	35	45	45	50	45	45	55	45	45	55

Die Abmessungen der Mecklenburger G7.2, G8.1 und Oldenburger G7.1 entsprachen denen der preußischen Bauarten

1913 bis 1921 wurden nicht wenige als 4948 Lokomotiven allein von der Preußischen Staatsbahn beschafft. Diese Stückzahl wurde von keiner anderen deutschen Länderbahnlokomotive erreicht. Weitere Bahnen beschafften die G 8¹-Lokomotive, wie die Reichsbahn Elsaß-Lathrih´ngen mit 137, die Mecklenburgische Friedrich-Franz-Eisenbahn mit 10 und die Zeche „Deutscher Kaiser" in Oberhausen mit 10. Auch im Ausland fand die G 8¹ großen Anklang, so wuren in Deutschland bzw. im Lizenz für die Rumänische Staatsbahn 81, für die Polnische Staatsbahn 50 und für die Schwedische Staatsbahn 10 nachgebaut. Damit wurden von der G 8¹ insgesamt 5246 lokomotiven gebaut.

Die DRG übernahm von der Preußischen Staatsbahn mehr als 3000 G8¹-Lokomotiven, die die Betriebsnummern 55 2501 bis 55 5622 erhielten. 12 Lokomotiven mit den Betriebsnummern 55 5801-55 5810 und 55 5851-55 5622 kamen von der Mecklenburgischen Staatsbahn. Nach dem Ersten Weltkrieg ging eine beträchtliche Stückzahl als Reparationsleistung an die Siegermächte. Nach der Besetzung Polens im Jahr 1939 kamen polnische G 8¹ (Tp4) zurück zur DRG, die Betriebsnummern von bereits ausgemusterten G 8¹ erhielten.

Durch Umbau ab 1934 erhielt eine größere Anzahl G 8¹ eine vordere Laufachse, um die zulässige Geschwindigkeit zu erhöhen und um die Achsmasse auf Nebenbahnen zu vermindern. Über 1000 Lokomotiven der Gattung G 8¹ überstanden den Zweiten Weltkrieg und leisteten in der Nachkriegszeit wertvolle Dienste. Die Ausmusterung begann in den 70er Jahren des letzten Jahrhunderts bei beiden Bahnverwaltungen. Erhalten blieben fünf G 8¹, davon eine im DGEG Bochum-Dahlhausen, eine weitere im Technikmuseum Speyer.

Mecklenburgische G 8¹, D h2, als DRG 552801, vormals Bahn-Nr. 481, Baujahr 1918

Weserbergland / Harz 1975

Ein Rückblick nach 30 Jahren

von Udo Paulitz

Als vor 30 Jahren die letzten von der Bundesbahn planmäßig eingesetzten Dampfloks über die wenigen ihnen noch verbliebenen Strecken rollten, lauerten ihnen zahllose Eisenbahn- und Dampflokfreunde auf und verfolgten sie. Damals lief die Eisenbahnfotografie der Hobbyfreunde noch etwas anders ab als heute. Kein Wunder, denn die Zeit hat sich seither, man möchte fast sagen grundlegend geändert und wird aller Voraussicht nach auch nie mehr in dieser Form wiederkehren. Vieles, was wir damals angingen und in welcher Art und Weise, wird den heutigen Eisenbahnfreunden geradezu vor-

052 953 vor Dg 45864 am 3. April 1975 auf dem Abschnitt Walkenried – Bad Sachsa

052 188 vor Dg 45864 am 7. April 1975 in der Nähe von Scharzfeld

sintflutlich anmuten und so mancher wird vielleicht verständnislos den Kopf schütteln – damals aber ging es bei uns tatsächlich so zu. Und das ist eigentlich noch gar nicht so lange her. Da auch ich mich zu dieser Gruppe von Individualisten zähle, weiß ich, wovon ich spreche.

Wesentliches hat sich seither geändert. Betrachten wir allein die Kommunikationsmittel. Internet, Handy, SMS usw. waren noch völlig unbekannt. Zur Nachrichtenübermittlung gab es nur den Postweg, allenfalls das Telefon, sodass ein kurzfristiger Informationsaustausch in der Regel unmöglich war. Die Eisenbahnzeitschriften steckten damals auch noch in den Kinderschuhen und konnte in der Regel nur mit einem gehörigen zeitlichen Abstand über das Geschehene berichten. Aktuell verwertbare Meldungen vom Dampfbetrieb, beispielsweise über Bespannungsänderungen, waren nur wenige dabei. Überaus wertvoll war zu jener Zeit das zu jeder Fahrplanperiode neu erscheinende Eisenbahn-Kurier-Sonderheft „Dampfgeführte Reisezüge der DB", das mit dem zunehmenden Verschwinden der Dampflok im Reisezugdienst immer mehr auch auf Güterzüge ausgedehnt wurde. Unbekannt waren auch Videorekorder, DVD-Aufzeichnungsgeräte und Digitalfotografie – wenn man eine japanische Spiegelreflexkamera der mittleren Preisklasse mit Wechselobjektiven sein eigen nennen konnte, war man zufrieden. Die Aufzeichnung von Bewegungsabläufen geschah mit Hilfe einer Super-8-mm-Schmalfilmkamera, deren Filmkassetten nach etwa 3,5 Minuten abgespult waren. Die Synchronisation von Bild und Ton war, da letzterer mit einem zusätzlichen Gerät aufgezeichnet werden musste, sehr aufwändig und schwierig. Allerdings gab es damals – zumindest aus meiner Sicht – eindeutig bessere, wenn auch immens teure Farbumkehrfilme, so die Diafilme Kodachrome II bzw. 25, die heute im einschlägigen Handel nicht mehr erhältlich sind.

Das Leben in den 1970er Jahren verlief im Vergleich zur heutigen Reizüberflutung und Hektik noch gemütlicher und in ruhigeren Bahnen, einfacher, anspruchsloser und viel weniger konsumorientiert. Der Autoverkehr hatte zwar schon deutlich zugenommen, aber noch längst nicht jeder – zumindest traf das auf die Gilde der Eisenbahnfreunde zu – war stolzer Besitzer eines Kraftfahrzeugs. Fahrten mit der Bahn und endlose Wanderungen am Schienenstrang waren vielfach noch an der Tagesordnung. Hier hatte man in völliger Ruhe Zeit, seinen Gedanken nachzu-

052 188 vor Dg 45868 am 11. April 1975 bei Walkenried

051 920 vor Dg 45864 am 1. April 1975 bei der Ausfahrt aus Ellrich in Richtung Grenze

gehen, Eindrücke und Kontakte zu Land und Leuten herzustellen, zu sammeln und zu genießen. Die Zeit war einfach eine ganz andere, viel weniger von Sorgen belastet und ohne die vielen vom Menschen selbst herbeigeführten, schier unlösbaren Probleme von heute.

Die Bahnstrecken selbst waren gepflegt und sauber. Den heute schon zur Norm gewordenen Vandalismus gab es allenfalls in Anfängen. Die Landschaft war noch wenig zersiedelt und durch Lagerhallen, Bau- und Supermärkte auf der grünen Wiese verunstaltet. Fotostellen gab es an Dampfstrecken reichlich und bedeutend mehr als heute. Wegen der Gefahr von Funkenflugbränden wurden die Feuerschutzstreifen dieser Linien regelmäßig unterhalten und vom Buschwerk befreit. Daher waren sie längst nicht so zugewachsen wie heute. Die DB-Infrastruktur war noch insoweit intakt, dass alle Bahnhöfe und kleinen Stationen, vielfach auch die Haltepunkte mit Personal besetzt und meist liebevoll gepflegt, zumindest aber sauber waren. Wo heute nur noch zugige Warteüberdachungen, anonyme Automaten und Betonklötze für eine immer unattraktivere Bahn „werben", gab es früher Bahnhofsgebäude mit Warteräumen und Fahrkartenschalter. Ganz zu schweigen von den zahllosen Schrankenposten. Überall konnte man aus erster Hand Fahrzeiten und Sonderleistungen erfahren, sich im Winter am Kohleofen aufwärmen oder im Sommer ein schattiges Plätzchen mit kühlen Getränken für wenig Geld finden.

Doch nun genug der vielen Worte. Ich möchte Sie einladen, mich auf meinen im Jahr 1975 im Harz/Weserbergland unternommenen Exkursionen zu begleiten. Vieles von damals ist mir noch heute recht lebendig. Dagegen konnte manche vergessene Episode in Form von fragmentarisch erhaltener Briefe und Fahrtenbücher aber auch aus dem Erinnerungsvermögen meiner Mitstreiter gedanklich aufgefrischt werden.

Im Jahre 1975 wurde der Güterverkehr auf den vielfach mittelgebirgscharakterlichen Hauptstrecken des Großraumes Südhannover noch fast vollständig mit Dampflokomotiven bewältigt. Vor allem die schweren Güterzugmaschinen der Baureihe 44 waren auf den langen Steigungen dieser nicht elektrifizierten Strecken unentbehrlich und mussten selbst kurz vor ihrer Ausmusterung Höchstleistungen vollbringen.

Diese interessante Region mit ihren Bahnbetriebswerken Lehrte und Ottbergen geriet erst relativ spät in mein Blickfeld und wurde eigentlich erst da für mich interessant, als die übrigen DB-Dampfstrecken nur noch wenig zu bieten hatten. Für mich

051 816 vor Dg 45865 am 11. April 1975 auf der Steigung etwa zwei Kilometer westlich von Osterhagen

war dieser Zeitpunkt ab Beginn des Sommerfahrplans 1975 gekommen, als mit dem Ende des Winterfahrplans die letzten Schnellzugdampfloks der Baureihe 01 10 des Bw Rheine ihren Dienst quittieren mussten. Dadurch verlor die Emslandstrecke für mich zwar einen Großteil ihrer Anziehungskraft, andererseits aber konnte ich diese Bahn mit ihrem immer noch bedeutenden dampfgeführten Güterverkehr auch an den Wochenenden besuchen. Bei einigermaßen erträglichen Fahrtkosten bekam man an Samstagen meist zwischen 20 und 25 Dampfzüge vor die Linse. Außerdem besaß die Strecke den nicht zu unterschätzenden Vorteil, dass sich der gesamte Zugverkehr auf ihr bündelte und daher kaum ein Dampfzug entwischen konnte.

Beides traf auf den Raum Harz und Weserbergland nicht zu. Die Strecken, auf denen der Dampfbetrieb stattfand, waren derart weit verzweigt, dass selbst mit einem Pkw längst nicht alle Zugfahrten gleichzeitig erreichbar waren. Überall zugleich konnte man eben nicht sein. Im Vergleich zum ergiebigen Emsland herrschte auf allen diesen Strecken nur ein relativ geringer Zugverkehr. Für mich als Bahnfahrer und Fußgänger zählte diese Region eindeutig zu den Räumen, in denen sich ein Aufenthalt nur über einen zusammenhängenden, längeren Zeitraum als lohnend gestalten würde. Da ich seit dem Herbst 1974 Betriebswirtschaft studierte und in den Genuss der regulären Schulferien kam, konnte ich diese sinnvoll für diese Besuche verwenden.

Bereits im September 1974, also unmittelbar vor Beginn meines Tagesstudiums, hatte ich durch eine insgesamt elftägige Tour über Bad Harzburg, der Strecke Lehrte–Braunschweig, der Gegend von Seesen und Neuekrug-Hahausen sowie der Bw-Außenstelle Herzberg einen angenehmen Vorgeschmack von diesem Raum erhalten. Vor allem die reizvolle, motivreiche Landschaft des Vorharzes gefiel mir sehr. Im Gegensatz zur flachen Emslandstrecke boten viele Abschnitte schöne Fotostandpunkte aus erhöhter Warte, von denen sich teilweise der ganze Wagenzug abbilden ließ. Damit stand fest, dass dieser Raum in den Osterferien 1975 erneut zu meinen Reisezielen zählen würde.

Diese Ferien begannen am 22. März 1975. Zunächst verbrachte ich einige Tage mit Quartier in der bewährten Pension Wolters in Leschede an der Emslandstrecke. Dieser erste Teil meines Eisenbahnurlaubs gestaltete sich witterungsmäßig recht günstig und war vor allem mit Filmaufnahmen ausgefüllt. Der krönende Abschluss und das zugleich größte Erlebnis war am 27. März eine von der BD Hannover genehmigte Mitfahrt auf 012 055 von Rheine nach Norddeich-Mole und zurück.

Am 30. März – am Ostersonntag – sollte es nach Walkenried weitergehen. Ein Personenzug brachte mich um 15.27 Uhr von Leschede nach Rheine. Von dort wollte ich am Spätnachmittag zunächst bis Herzberg und dann am nächsten Morgen nach Walkenried weiterfahren, wo ich bis zum 12. April in einer Pension ein Quartier gebucht hatte. Um 17.40 Uhr ging es mit dem von 220 077 geführten E 2249 nach Osnabrück weiter. Der Meister der V 200 nahm mich auf dem Führerstand mit; es war übrigens meine erste Mitfahrt auf einer Lokomotive dieser Baureihe. Dabei war ich von der ungewöhnlich hohen Position des Führerstandes, die eine ausgezeichnete Sicht auf die Strecke ermöglichte, überrascht. Der sehr nette und aufgeschlossene Lokführer, sichtlich froh, einen Gesprächspartner auf dem Führerstand zu haben, bot mir an, seine ganze Tour auf der Lok mit-

044 256 und 491 am 4. April 1975 mit Düngerzug Dg 48961 in der Nähe von Herzberg

044 491 und 256 am 10. April 1975 mit Düngerzug Dg 48961 bei Herzberg

052 223 am 7. April 1975 im Lokschuppen ohne Dach des Bw Herzberg

zufahren. Das ließ ich mir nicht zweimal sagen, denn die ganze Nacht im Bahnhof Herzberg bis zum ersten Anschlusszug nach Walkenried auf einer Bank herumzusitzen, war sicherlich kaum die bessere Alternative. In Osnabrück wechselten wir auf die Lokomotive 220 031 und hatten den E 2246 bis nach Hengelo in den Niederlanden zu befördern. Von dort ging es mit der gleichen Maschine als Lz 14277 wieder nach Rheine. Um 21.15 Uhr war die interessante Fahrt von insgesamt 193 Kilometern beendet. Ich half dem Meister, der jetzt Feierabend hatte, noch beim Betanken und Öl nachfüllen. Durch seine Fürsprache durfte ich sogar im Sozialgebäude des Bahnhofs Rheine P in einem Kommissionszimmer kostenlos übernachten.

Am nächsten Morgen ging es in aller Frühe weiter. Von Northeim bis Walkenried im Führerstand von 220 075, der Zuglok des E 3651. Bei herrlichem Sonnenschein war es eine sehr schöne Fahrt durch die südlichen Ausläufer des Harzes. Die ab Herzberg beginnenden Steigungen gingen auch an der V 200 nicht spurlos vorüber. Besonders auf dem langen Abschnitt zwischen Scharzfeld und Osterhagen machte sich der spürbar langsamer werdende Diesel durch kräftige Brummgeräusche bemerkbar. Da an diesem Tage – es war Ostermontag – keine dampfgeführten Güterzüge verkehrten, blieb mir nach Bezug des reservierten Pensionszimmers nur eine erste Streckenerkundung übrig.

Der Bahnhof Walkenried befindet sich an der Strecke von Herzberg nach Ellrich, auf der damals der grenzüberschreitende Güterverkehr von und nach Ellrich/DDR abgewickelt wurde. Dieser Abschnitt war ein Teil der einst bedeutenden, nach 1945 durch den Eisernen Vorhang zerschnittenen West-Ost-Rollbahn nach Nordhausen. Durch die veränderten Verkehrsströme infolge der willkürlichen Grenzziehung hatte diese früher durchgehend zweigleisige Hauptstrecke erheblich an Bedeutung verloren. Trotz allem herrschte auf diesem 27 Kilometer langen Abschnitt ein relativ dichter, hauptsächlich von der Baureihe 50 geführter Güterverkehr. Zwischen dem ersten Zug ab Herzberg um 5.35 Uhr und der Ankunft des letzten Zuges von Ellrich kurz nach 21 Uhr kam man an Werktagen über den ganzen Tag verteilt in den Genuss von etwa zwölf Dampfzügen. Abgesehen vom Emsland und der Strecke Lehrte–Braunschweig gab es im Jahr 1975 bei der DB nur noch wenige Plätze, an denen die tägliche Dampfausbeute größer war. Diese Zahl konnte sich durch fallweise eingelegte

044 557 am 9. April 1975 im Bw Herzberg

051 397 und 044 566 am 22. Juli 1975 auf den Behandlungsgleisen des Bw Herzberg

Bedarfszüge noch geringfügig erhöhen. Hierbei handelte es sich in erster Linie um den von der Baureihe 44 gezogenen Druckkesselwagen-Ganzzug Gag 47861, ein mit Bauxit beladener Behälterzug mit Laufweg Quadrath-Ichendorf über Northeim und Ellrich nach Bitterfeld/DDR. Infolge seines Zuggewichts von 1400 t musste von Northeim bis Ellrich stets eine weitere Dampflok – in der Regel war dies eine 50 – nachhelfen. Meist verkehrte er, ebenso wie sein Gegenzug Gag 47860, ein- bis zweimal in der Woche. Dieses Zugpaar kannte keine Sonn- oder Feiertage. Es verkehrte auch dann, wenn der übrige planmäßig mit Dampf geführte Güterverkehr ruhte. Unter Eisenbahnern und Insidern war diese Leistung als Ulbricht-, Quadratlatschen- oder Zwiebelzug bekannt. Während des Frühjahrs konnten noch zusätzliche, auf dem Abschnitt Langelsheim, Seesen, Herzberg und Ellrich von zwei in Doppeltraktion laufenden Lokomotiven der Baureihe 44 (ab Herzberg in der Regel mit jeweils einer Dampflok vorn und hinten, oftmals war es auch die BR 50) gezogene und aus gedeckten Güterwaggons bestehende Düngerzüge verkehren.

Nach diesen Sonderleistungen galt es sich täglich auf den Stellwerken vorher zu erkundigen, um sie in das fotografische Tagesprogramm einbeziehen zu können. Vor allem das Fahrdienstleiterstellwerk in Herzberg war für derartige Informationen kompetent und die Bahnbeamten gaben überall bereitwillig Auskunft. Wie die Praxis allerdings zeigen sollte, wurden verschiedentlich Sonderzüge derart kurzfristig eingelegt, dass diese fast schon in den Block eingefahren waren, ehe die Bekanntgabe erfolgte. In diesen Fällen war eine vorausschauende Planung nicht möglich. Bei meinen vielen Besuchen auf Stellwerken, Bahnhöfen und Schrankenposten lernte ich so manchen netten Eisenbahner kennen. Auf diese Weise konnte ich auch ein gutes nicht weit vom Bahnhof Herzberg entferntes Quartier für zukünftige Aufenthalte ausfindig machen.

Am folgenden Tag, es war Dienstag der 1. April 1975, ging es an die Arbeit. Als ich morgens gegen 5.30 Uhr, wie immer ohne Frühstück, aus der Tür trat, gab es die erste Überraschung: Es hatte in der Nacht kräftig geschneit. Dabei war es nasskalt und windig. Pünktlich um 6.12 Uhr hatte der erste von Herzberg

Bekohlung der Lokomotiven im Bw Herzberg wie vor 100 Jahren: von Hand gefüllte Kohlehunte werden mit Hilfe einer ebenfalls manuell zu bedienenden Drehscheibe in Position zum Kohlenkran gebracht und in die Tender der Lokomotiven geleert

kommende Dg Durchfahrt. Obwohl der Schnee die Landschaft erhellte, war es zum Fotografieren noch fast zu dunkel. Gegen 10 Uhr war die ganze weiße Pracht weggetaut. Wiesen und Wege hatten sich in Matsch verwandelt, zumal es zu allem Überfluss noch zu regnen begann. Der ganze Tag blieb feucht und regenverhangen, sodass dabei fotografisch nicht viel herumkam. Dafür konnte ich schon gegen 15 Uhr Feierabend machen, nicht ohne zuvor in Walkenried die für mich als Nichtautofahrer unerlässliche Bezirkswochenkarte des Abschnitts 322 gekauft zu haben.

Auch in den nächsten Tagen blieb das Wetter unbeständig. Leider zeigte sich der Himmel in seinem betonfarbenen Einheitsgrau nur von der schlechten Seite. Morgens lag manchmal Schnee, der vielfach aber nur knapp den Boden bedeckte und spätestens bis Mittag verschwunden war. Anschließend ging dieser fast immer in mehr oder weniger starken Dauerregen über. Die Sonne machte sich extrem rar, sodass ich schon gar nicht mehr wusste, wie sie aussah. Dazu war es saukalt, sodass ich aus meiner einzig vorhandenen langen Unterhose nicht mehr herauskam. Mit einem derart kalten Wetter hatte ich zu dieser Jahreszeit nicht mehr gerechnet. Schuhwerk und Klamotten waren durchgeweicht und wurden gar nicht mehr trocken. Einmal verkroch ich mich in den Zugpausen fast den ganzen Tag über auf einen Hochstand am Waldrand nahe der Strecke, wo ich wenigstens etwas Schutz gegen den starken Regen fand. Verschiedentlich durfte ich auch Schrankenwärtern in ihren Behausungen Gesellschaft leisten.

Zum Glück konnten mich diese Dinge, an denen der Mensch ja doch nichts ändern kann, nicht allzu sehr erschüttern. Durch den schlechten Jahrhundertsommer des Vorjahres war ich in dieser Hinsicht schon ziemlich abgeklärt, sodass ich jede Sonnenaufnahme – und das waren ihrer wenig genug – daher als ein Geschenk des Himmels betrachtete. Man lernte sich dadurch wirklich in Geduld zu üben. Der einzige Vorteil dieses sonnenkargen Wetters bestand darin, dass sich der Verbrauch an Filmen, besonders an Super-8-Schmalfilmen, sehr gering gestaltete.

Ungeachtet des überwiegend schlechten Wetters vergingen die folgenden Tage mit ausgedehnten Streckenerkundungen zu Fuß am gesamten Abschnitt zwischen Herzberg und Ellrich. Trotz der auf Dauer deprimierenden Witterungsbedingungen reifte bei mir der Entschluss, meine gesamten sechswöchigen Sommersemesterferien hier, aber auch an der übrigen Strecke bis Altenbeken, zu verbringen. Wie schön mussten doch die Dampfzüge in dieser herrlichen Umgebung erst bei Sonnenschein wirken!

Am 21. August 1975 standen gegen 19.50 Uhr die Lokomotiven 052 602 und 044 210 (rechts) beieinander

Überwiegend verlief die Bahn in einer abwechselungsreichen Landschaft mit einer Menge guter Fotostellen. Bereits unmittelbar östlich der Ausfahrt des in 234 m gelegenen Bahnknoten Herzbergs begann die Strecke leicht zu steigen, um dann ab dem Bahnhof Scharzfeld bis nach Osterhagen in eine 1:100-Steigung überzugehen. Teilweise in engen Radien gewann die Bahn allmählich an Höhe und durchquerte in einem weiten Tal die ausgesprochen schöne Landschaft des Südharzes. Kurz vor dem mittlerweile aufgelassenen Bahnhof Osterhagen erreichte die Strecke mit 321 m Höhe ihren höchsten Punkt um dann bis Bad Sachsa in ein Gefälle überzugehen. Ab Walkenried wurde die Strecke bis zum 4 Kilometer entfernten Bahnhof und Grenzübergang Ellrich eingleisig. Ein Spitzenmotiv war der kurz vor der Grenze gelegene 268 m lange Walkenrieder Tunnel. Die Durchfahrt in den Bahnhof Ellrich war durch ein mannshohes Gleistor gesperrt. Dieses Tor wurde auf Anweisung des Ellricher Fahrdienstleiters nur bei Ankündigung eines Zuges durch die auf der Kontrollbrücke – im amtlichen DDR-Jargon hieß diese Einrichtung „Beschaubrücke" – Dienst habenden Grenzsoldaten für kurze Zeit geöffnet und nach Passieren des Zuges sofort wieder geschlossen. Selbstverständlich waren die in vollendeter Perfektion errichteten Grenzanlagen umfassend gesichert und in ständiger Beobachtung durch die Grenzorgane, war doch der Streckenbereich vor dem Gittertor von westdeutscher Seite gut zugänglich und ein beliebter Standort für Eisenbahn-Fotografen. Nirgendwo sonst an der innerdeutschen Grenze hatte man von westlicher Seite aus einen so unmittelbaren Blick in das Innenleben eines gut bewachten ostdeutschen Grenzbahnhofs. Gerade dieses Geschehen ließ sich ausgezeichnet in meinen Film einbauen.

Die zwischen Herzberg und Ellrich verkehrenden Planzüge waren überwiegend Nahgüterzüge (Ng), vereinzelt aber auch Durchgangsgüterzüge (Dg). Während die ab Herzberg in Richtung DDR fahrenden Züge fast immer planmäßig fuhren, verkehrten jene in der Gegenrichtung meist ein wenig vor Plan. Befördert wurden sie fast ausschließlich von der Baureihe 50, wobei überwiegend Loks mit Kabinentender zum Einsatz gelangten. Da die Maschinen weder in Herzberg noch in Ellrich gedreht werden konnten, kamen die Lokomotiven in der Fahrtrichtung an den Zug, in der sie gerade standen. Für die Baureihe 50 waren auf dem Streckenabschnitt nach Ellrich 1000 t als Grenzlast zugelassen; in umgekehrter Richtung

050 578 hat am 25. Juli 1975 mit Dg 45867 in Herzberg Ausfahrt

waren es aufgrund der etwas geringeren Steigung 1200 t. Bei schwereren Zügen musste die Bw-Außenstelle Herzberg eine Schublok stellen.

Neben den Plangüterzügen war die Zahl der Sonderleistungen leider geringer als erwartet. Der Ulbrichtzug Gag 47861 fuhr während meines Aufenthaltes dreimal und zwar am 2., 8. und 12. April. Dieser morgens ab Northeim verkehrende doppelbespannte Zug war immer äußerst pünktlich, dass man nach ihm die Uhr stellen konnte. Die Durchfahrt in Walkenried war um 8.55 Uhr. Das schauderhafteste Aprilwetter mit Sturm und Dauerregen herrschte am 12. April, als ich den von 044 434 gezogenen und von 050 229 nachgeschobenen Behälterzug in der Nähe des Brechpunktes westlich von Osterhagen vor die Linse bekam. Mit den immer zwei oder drei Tage später als Gag 47860 geführten, für ihre permanente Unpünktlichkeit berüchtigte Rückleistungen, hatte ich kein Glück. Entweder fuhren die teilweise mehr

044 599 am 19. August 1975 vor Ng 64431 am Einfahrtsignal von Herzberg

044 067 am 16. August 1975 vor Gag 47861 vor Herzberg

als 1 1/2 Stunden verspäteten Züge erst dann, wenn es zum Fotografieren bereits zu dunkel war, oder die Garnitur wurde – wie in einem Fall – auf verschiedene Planzüge aufgeteilt und entfiel daher als eigenständige Zugfahrt.

Der Düngerzug Dg 48961 hingegen fuhr nur am 4. April und 10. April jeweils mit den Lokomotiven 044 256 und 044 491 von Langelsheim bis Herzberg. Nach der Ankunft in Herzberg um 15.15 Uhr hatten diese 1700 t schweren Züge zwecks Abwicklung der Zollformalitäten knapp 1 1/2 Stunden Aufenthalt. Erst um 16.55 Uhr ging es mit frisch restaurierten Loks vorn und hinten weiter in Richtung des Eisernen Vorhangs.

Darüber hinaus verkehrten zwar noch weitere Sonderleistungen, die mir aber immer aus Unwissenheit, entweder durch die Lappen gingen, oder die so überraschend auftauchten, dass ich keinen optimalen Fotostandpunkt mehr beziehen konnte. Das lag vor allem daran, dass diese Zugfahrten nicht langfristig bekannt gegeben, sondern so kurzfristig eingelegt wurden, dass man sie in der täglichen Planung nicht berücksichtigen konnte. So hatte ich am 10. April das zweifelhafte Vergnügen, den von 044 560 bespannten Kesselwagenbedarfszug Gag 45869 nach Ellrich gegen 13.30 Uhr aus dem Zugfenster eines Eilzuges bei Scharzfeld bewundern zu können. Am folgenden Tag fuhr morgens gegen 10 Uhr sogar ein mit einer 50 bespannter Reisezug über Bad Lauterberg nach St. Andreasberg/Harz. Da ich auch von ihm nichts wusste, sah ich den Dampfzug östlich von Scharzfeld in einiger Entfernung vorüberfahren. Dass das Wetter schlecht war und die Lok Tender voraus fuhr, die Voraussetzungen für ein Spitzenbild also keineswegs gegeben waren, tröstete mich ein wenig. Die gegen 11.30 Uhr als Lr 36140 erfolgende Rückleistung kriegte ich zwar vor die Linse, infolge des viel zu dunklen Wetters ging das Bild allerdings völlig in die Hose.

Neben der Ellricher Strecke galt es aber auch die nach Ottbergen führende Linie nicht ganz zu vernachlässigen. Vor allem der in einer Steigung von 1:105 durch den Hattorfer Wald nach Herzberg führende, notfalls auch zu Fuß noch erreichbare Abschnitt bot einige sehr schöne Fotopunkte. Zwischen 8.25 und 16.40 Uhr verkehrten jeweils zwei Durchgangsgüterzüge von und nach Ottbergen. Auf der in östliche Richtung verlaufenden Ellricher Relation waren es im gleichen Zeitraum – ohne die fallweise verkehrenden Sonderleistungen – drei abfahrende

Der von 044 326 geführte und von 050 525 nachgeschobene Gag 47861 am 14. August 1975 östlich des Bahnhofs Hattorf

und vier ankommende Züge. Mit einem fahrbaren Untersatz wäre das alles kein Problem gewesen, aber als Fußgänger war man gezwungen, wollte man zu einer anderen Strecke wechseln, den schier endlos erscheinenden Herzberger Rangierbahnhof von einem Ende zum anderen zu durchschreiten. Und das mehrmals am Tage. Hatte man es schließlich wieder einmal geschafft, blieb bis zur Ankunft bzw. Abfahrt des angepeilten Zuges meist nicht mehr viel Zeit. Als einzig vernünftige Alternative kam daher an der Ottbergener Strecke oftmals nur die über die Bahn führende Bundesstraßenbrücke B 27, die einen guten Blick auf die kurz vor dem Bahnhof Herzberg befindliche lange Rechtskurve ermöglichte, als Fotostandpunkt übrig. Der analoge Standort an der östlichen Bahnhofsausfahrt nach Ellrich war eine Brücke der Bundesstraße B 243. Daneben gab es auch noch die von Dampfloks relativ schwach befahrene Strecke nach Osterrode/Seesen, wo z. B. um 15.55 Uhr der von einer 50 gezogene Ng 64207 den Bahnhof Herzberg verließ.

Auch das kleine Bw Herzberg mit seinem berühmten Lokschuppen ohne Dach, den das im Jahre 1874 errichtete Gebäude zu Beginn der 1970er Jahre bei einem schweren Sturm eingebüßt hatte, durfte keineswegs vergessen werden. Da dieser Rechteckschuppen nach dem Ende der Dampflokzeit sowieso abgerissen werden sollte, wurde nichts mehr repariert und die dort abgestellten Lokomotiven mussten von nun an mit einem Stellplatz unter freiem Himmel vorlieb nehmen. Die total anachronistisch anmutenden Lokbehandlungsanlagen basierten nahezu ausschließlich auf schwerer körperlicher Arbeit oder, wie beim Kohlenkran, auf einfacher, solider Mechanik. Am Ablauf der Arbeiten hatte sich währende der letzten hundert Jahre kaum etwas geändert. Daher ist es völlig verständlich, dass diese aus dem 19. Jahrhundert stammenden Relikte Eisenbahnfreunde aus nah und fern geradezu magnetisch anzogen, zumal dort fast zu jeder Tageszeit Lokomotiven restauriert wurden. So war man als Dampflokfreund pausenlos im Einsatz und hatte kaum eine Minute Zeit zum Verschnaufen. Kein Wunder dass auch ich abends todmüde ins Bett fiel.

044 277 am 28. August 1975 vor Ng 64431 zwischen Hattorf und der ehemaligen Blockstelle Auekrug

044 360 vor Dg 53845 am 5. Juli 1975 gegen 8 Uhr morgens bei der Durchfahrt des Bahnhofs Hattorf

Am 10. April hatte ich das Glück, durch Vermittlung des Herzberger Fahrdienstleiters in den Genuss einer Führerstandsmitfahrt auf der Lehrter 052 188 zu kommen. Diese Maschine fungierte als Schiebelok für den von einer 44 gezogenen Düngerzug Dg 48961, welchem sie bis Walkenried Unterstützung gab. Mit den insgesamt knapp 3800 PS beider Maschinen war dieser Zug mit seinen 1700 t kein wirkliches Problem, sodass die Fahrt recht flott über die Bühne ging. In Walkenried stieg ich ab und machte gleich Feierabend, zumal es schon auf 18 Uhr zuging.

Sieger und Besiegte. Gruppenaufnahme mit 044 381 am 3. August 1975 im Bw Northeim. Von links: Ofis Hilmar Glinski, Ulli Winterhoff, genannt Fitti, Jungschrat Ulli Diez und meine Wenigkeit

Am Samstag den 12. April waren meine Ferien zu Ende. Da das Wetter nach Ablichtung des total verregneten Ulbrichtzuges keine Anstalten auf Besserung zeigte, fuhr ich bereits gegen Mittag in Richtung Heimat. Den nächsten Tag brauchte ich, um mich ein wenig auszuruhen und meine Sachen zu sortieren, denn am Montag begann die Schule wieder. Insgesamt hatte ich in den drei Wochen genau 1947 Kilometer mit der Bahn zurückgelegt. Das meiste, was ich wieder mit nach Hause brachte, waren Filme, und zwar unbelichtete.

Schon bald darauf begannen meine ersten organisatorischen Vorbereitungen für meine große Expedition in den Sommerferien. Vor allem mein Kumpel Ulli Winterhoff, der die gesamte Region schon vor mir bereist hatte, versorgte mich mit vielen nützlichen Informationen. In diesen sechs Wochen – es war die Zeit vom 15. Juli bis 30. August 1975 – wollte ich die gesamte Ost-West-Strecke von Ellrich bis Ottbergen sowie die Linie Seesen – Neuekrug-Hahausen – Salzgitter-Ringelheim aufs Korn nehmen. Daneben gab es natürlich – wie von meinen Freunden Hilmar Glinski und Ulli Winterhoff zu erfahren war – noch viele weitere lohnende Streckenabschnitte, wie z. B. die Linie Seesen – Kreiensen – Holzminden – Ottbergen, hier besonders die starke Steigung von Kreiensen nach Naensen hinauf, an der sich mehrere Brücken und zwei Tunnel befanden. Aber wie sollte ich als relativ unbeweglicher Bahnfahrer und Fußgänger dorthin gelangen? Um von mancher durch die dürftigen Zugverbindungen schlecht erreichbaren Strecke wieder an die Hauptstrecke Ottbergen – Herzberg zu gelangen, musste schon ein halber Tag geopfert werden. Ein Fahrrad, das mir im flachen Emsland immer so gute Dienste geleistet hatte, war bei diesen großen Entfernungen und den zu bewältigenden Steigungen auch nicht des Rätsels Lösung. Alles zu kriegen war einfach nicht möglich und ich war mir völlig im Klaren darüber, dass vieles ein Wunschtraum bleiben würde. Grundsätzlich war ein systematisches Erwandern der Strecke und ein sich Vorarbeiten von Bahnhof zu Bahnhof, wie ich es vom Emsland gewohnt war, hier nicht empfehlenswert. Einmal gab es neben weniger interessanten Abschnitten viel zu wenig Züge, um die guten Fotostellen in der dann zu kurzen Zeit ausreichend bewältigen zu können.

Mit Bernd Artmann auf der BMW 500 im August 1975

Lokmannschaft von 044 319 am 17. Juli 1975 im Bw Ottbergen

Lokbetriebsinspektor Hubert Mathias, Meister von 044 566 am 1. August1975

Oberlokführer Günter Nolte am 7. August 1975 auf 044 067

In Herzberg hatte ich ja bereits bei der Familie Rusteberg ein gutes und mit 7,- DM pro Übernachtung auch erschwingliches Quartier. Allerdings war es von dort aus zu weit bis in den Raum Ottbergen, geschweige denn nach Altenbeken, sodass ich noch eine zusätzliche, weiter westlich gelegene Bleibe ausfindig machen musste. Ich entschied mich auch wegen der Nähe zum Ertinghäuser Tunnel und dem Brechpunkt der Steigung für den Ort Volpriehausen, wo ich ein einfaches Privatzimmer in Bahnhofsnähe bei einer Frau Gertrud Tezzele zum gleichen Preis fand. Im Nachhinein gesehen war die Wahl von Volpriehausen als Standort ein Fehler. Das weiter westlich gelegene Bodenfelde wäre besser gewesen und das nicht nur weil dieser Bahnhof Eilzugstation war und damit günstigere Anschlussmöglichkeiten zum Überwechseln an andere Strecken bot. Zudem hatte ich kaum berücksichtigt, dass die ersten beiden von der BR 44 geführten Nahgüterzüge bereits um 5.07 bzw. 5.26 Uhr in Volpriehausen Durchfahrt hatten. Um diese Uhrzeit herrschte selbst für den späteren der beiden Züge – es war der von Ottbergen nach Herzberg verkehrende Ng 64431 – zu keiner Zeit wirklich ausreichende Lichtverhältnisse. Hinzu kam, dass sich die Fotobedingungen von Tag zu Tag, bei den zunehmend kürzer werdenden Tagen und dadurch späteren Sonnenaufgängen, weiter verschlechterten. Der Gegenzug Ng 63242 (Herzberg – Altenbeken) erreichte Bodenfelde um 5.30 Uhr und hatte dort bis 5.55 Uhr Rangieraufenthalt, bevor er nach Ottbergen weiterfuhr. Wegen der späteren Tageszeit und des höheren Sonnenstandes waren die dortigen Fotografiermöglichkeiten eindeutig besser. Da der Ng in Ottbergen zwischen 6.25 und 6.58 Uhr einen erneuten Aufenthalt hatte, hätte man ihn mit einem Reisezug überholen können, während man von Volpriehausen nicht weg kam. Aber wie sagt man so schön: Hinterher ist man immer schlauer.

Neben Studium und Klausuren war die Freizeit bis zu den Sommerferien ausgefüllt mit vielen Fahrten in das Ruhrgebiet sowie einen letzten viertägigen, der Baureihe 012 gewidmeten Aufenthalt in Rheine über die Pfingsttage. Einige Wochen vor Antritt der Ferien stellte sich heraus, dass mein Stuttgarter Freund Burkhard Wollny gleichfalls in diesem Raum Eisenbahnurlaub machen wollte. Also verabredete ich mich ab Samstag, den 19. Juli mit ihm und besorgte ein Quartier. Mit Burkhard hatte ich in der Vergangenheit im süddeutschen Raum schon so manche erfolgreiche Zugverfolgung mit dem Auto unternommen. Neben meiner Freude, mit ihm mal wieder was unternehmen zu können, bedeutete dies für mich eine erhöhte Beweglichkeit bei diesen nur mäßig belegten Strecken.

044 209 vor Dg 53842 am 19. August 1975 in der Nähe von Northeim

044 210 vor Dg 53842 am 11. August 1975 im tiefen Einschnitt beim Kalkwerk Hardegsen

044 209 vor Dg 53842 am 14. August 1975 am Schrankenposten 54 bei Moringen

Nach Ankunft in Volpriehausen kaufte ich mir als erstes eine DB-Tourenkarte für die restlichen drei Tage bis zu Burkhards Ankunft. Das Wetter war wolkenlos, heiß und trocken, kurz gesagt zwar schweißtreibend aber sonst ausgezeichnet. Bereits am 17. Juli konnte ich eine Führerstandsmitfahrt auf der 044 319, Zuglok des Dg 53842, zwischen Ottbergen und Altenbeken organisieren. Der Zug hatte mit 1120 t fast Grenzlast, sodass die Besatzung mit Oberlokführer Witt und dem Heizer Lechner allerhand zu tun bekam. Entsprechend langsam ging es vor allem auf der langen, bis zu 1:90 starken Steigung zwischen Brakel und Bad Driburg voran. Herr Lechner musste tüchtig schaufeln, um die Maschine bei Laune zu halten. Die Fahrt für die 31 Kilometer dauerte fast eine Stunde. Meist zeigte der Deuta-Geschwindigkeitsmesser nur noch zwischen 25 und 30 km/h Geschwindigkeit. Gegen 17 Uhr waren wir mit unserer schweren Fuhre in Altenbeken. Nachdem die Maschine im Bw gedreht hatte, ging es als Lz 87193 zurück nach Ottbergen. Heizer Lechner konnte sich nun auf seinem Sitz ausruhen, denn ab Langeland brauchte der Meister seine Lok fast nur noch rollen lassen, da sich die Strecke ab dort konstant bis Ottbergen von 273 auf 123 m im Gefälle befand. Infolge der schlechten Verbindung ab Ottbergen war ich an diesem Tage erst abends um 22.15 Uhr wieder in Volpriehausen. Todmüde fiel ich dann ins Bett, denn am nächsten Morgen um 4.30 Uhr war die Nacht zu Ende. Am frühen Nachmittag des folgenden Tages gelang mir in der reizvollen Weserlandschaft bei Karlshafen ein Spitzenbild des von 044 381 geführten, mit etwa 80 km/h dahindonnernden Dg 53849. Die in Richtung Herzberg fahrenden Durchgangsgüterzüge hatten, wie auch dieser, mit schätzungsweise 1200 t Gewicht fast immer Grenzlast. Die unter einer schwarzen Qualmwolke dahinfahrende 044 381 versuchte, auf diesem noch fast ebenen Abschnitt für die bevorstehende Steigung in den Solling tüchtig Schwung zu holen.

Ein normaler Tagesablauf sah für mich folgendermaßen aus. Nach Aufnahme der sich in Volpriehausen in aller Frühe fast kreuzenden Nahgüterzüge, galt es anschließend, die volle Aufmerksamkeit dem Dg 53845 zu widmen, der zwischen 6.40 und 7.20 Uhr – je nachdem wo man ihn gerade fotografieren wollte – erwartet wurde. Einmal ärgerte ich mich schwarz, als ich für diesen Zug Stativ und Filmkamera auf einer Brücke am Bahnhof Karlshafen aufgebaut hatte. In dem Moment, wo ich die auf dem Stativ auf-

044 210 vor Dg 53842 am 18. August 1975 am Haltepunkt Ertinghausen

044 456 vor Dg 53840 am 16. August 1975 einfahrend Ertinghäuser Tunnel

geschraubte Minolta während des Filmens auslösen wollte, versagte wieder mal der Drahtauslöser. Meine Flüche waren nicht druckreif! Bis gegen 13 Uhr spielte sich dann auf dieser Strecke nichts mehr ab. Für die weitere Fototätigkeit bot sich nun die Strecke von Herzberg nach Ellrich an. Dort hatte um 10.50 Uhr der mit 50 bespannte Dg 45865 in Richtung Ellrich Ausfahrt. Um 11.02 Uhr, meist aber etwas vor Plan, lief aus der Gegenrichtung der Dg 45864 in Herzberg ein. Um 12.40 Uhr (samstags bereits um 11.44 Uhr) war in Richtung Ottbergen wieder etwas los, als der von einer 44 gezogene Dg 53842 bzw. 53840 von Herzberg aus startete. Verpflegung wurde zwischendurch schnell gekauft, wenn man gerade an einem Laden oder einer Bäckerei vorbeikam. Zu trinken gab es fast nur klares Wasser, das ich immer in einer Ein-Liter-Plastikflasche mit mir führte. Fotoausrüstung, Getränke und Verpflegung wogen 6 bis 7 kg. Zum Nachmittag bot sich ein erneuter Wechsel an die Strecke Neuekrug-Hahausen – Salzgitter an. Hier fuhren zwischen 15 und 18 Uhr im Schnitt vier Güterzüge in landschaftlich sehr abwechselungsreicher Umgebung. Zum Abschluss des Tages blieb allenfalls noch übrig, in Herzberg Ankunft und Abfahrt jeweils eines Dg von bzw. nach Ellrich mit der BR 50 zu beobachten. Bei den genannten Zügen fehlen die möglichen Sonderleistungen, welche Umdispositionen erforderlich machen konnten. War man schließlich abends wieder im Quartier, war ein 16- bis 17-Stunden-Tag vergangen. Manche Fotopunkte, wie z. B. die gegenüberliegende Talseite des Abschnitts Bodenfelde – Vernawahlhausen, waren verkehrsmäßig so schlecht erreichbar, dass ich – wie am Nachmittag des 6. August – nur ganze zwei Güterzüge bis zum Ende des Tages vor die Linse bekam.

044 381 vor Dg 53845 am 2. August 1975 ausfahrend Ertinghäuser Tunnel

Eine nicht identifizierte 44 vor Ng 64431 gegen 5 Uhr morgens am 25. Juli 1975 bei Uslar

Am 19. Juli kam Burkhard. Er hatte einen neuen Wagen, und zwar einen orange lackierten BMW 520 mit 115 PS – und das war damals ungeheuer viel. Dieses Fahrzeug war für Zugverfolgungen gerade das richtige Geschoss, was Burkhard auch weidlich und gekonnt ausnutzte. In den nächsten Tagen machten wir das ganze Dreieck zwischen Altenbeken, Braunschweig und Ellrich unsicher. Auch den Raum Goslar/ Bad Harzburg liefen wir einmal an und ich konnte den von 052 757 geführten E 3104 unter der berühmten Signalbrücke fotografieren. Wir verfolgten die Güterzüge von morgens bis abends auf allen Strecken was das Zeug hielt und das teilweise in einem sehr halsbrecherischen Tempo. Ich erinnere mich, dass wir einmal am Ortseingangschild von Bad Gandersheim satte 140 km/h drauf hatten! Gut dass uns dabei nie die Polizei erwischte – Burkards Lappen wäre dann wohl weg gewesen, was gleichzeitig das Ende jeglicher weiterer Zugverfolgungen bedeutet hätte. Gleichwohl war unsere Tätigkeit sehr erfolgreich und ich kam dadurch in den Genuss von Zügen, Strecken und Fotostandpunkten, die ich mit öffentlichen Verkehrsmitteln nie erreicht hätte. Am 24. Juli genehmigten wir uns einen Besuch im AW Braunschweig, denn werktags fand einmal täglich eine zweistündige Führung durch die Anlagen dieses letzten DB-Ausbesserungswerkes für Dampfloks statt. Wir hatten das Glück und konnten die Rheiner 043 364, die als letzte DB-Dampflok hier eine Zwischenuntersuchung nach der Schadgruppe L 2 erhielt, im schönsten Sonnenlicht vor der Richthalle fotografieren. Darüber hinaus befanden sich die Güterzugmaschinen 043 315, 574 und 737 sowie die 042 106 zu irgendwelchen Bedarfsausbesserungen im Inneren der Halle. Ansonsten war fast das gesamte Gelände mit Schrottloks, die teilweise bereits mit Schneidbrennern in hochofengroße Teile zerlegt wurden, übersät. Viele alte Bekannte befanden sich darunter wie z. B. 012 058, von der nur noch der Kessel mit zwei Treibachsen darunter übrig geblieben waren und die gerade zerschnitten wurde. Selbst der Führer unserer Besuchergruppe äußerte seine Überraschung darüber, dass er mit einem derart schnellen Verschwinden der Dampfloks nicht gerechnet hatte. Ein ungewohnter Anblick bedeutete für mich der für den Güterverkehr im östlichen Niedersachsen und für den Verkehr nach Berlin und in die DDR wichtige, seiner Bedeutung entsprechend weitläufig dimensionierte Rangierbahnhof Braunschweig, der sich damals noch in klassischer Form ohne jegliche Spuren der Elektrifizierung präsentierte.

Ausgezeichnet für Zugverfolgungen eignete sich der dienstags bis samstags ab Kreiensen um 15.16 Uhr in Richtung Salzgitter-Ringelheim/Braunschweig verkehrende, stets gut ausgelastete Dg 54312. Mit soviel PS unterm Hintern konnte man den von einer 44 gezogenen Zug fast so oft erwischen, wie man wollte. Bis Salzgitter kriegten wir ihn bestimmt 15-mal. Kaum waren wir dort, tauchte der in der Gegenrichtung fahrende, von der gleichen Baureihe gezo-

044 390 vor Dg 53849 am 29. Juli 1975 zwischen Uslar und Volpriehausen

gene Ng 64448 auf, der auf unserer Rückfahrt ebenfalls dran glauben musste. Allerdings konnten bei dieser Hektik in weitgehend unbekannter Umgebung nicht immer ausgefeilte Standpunkte gefunden werden. Viele Bilder waren daher kaum besser als Durchschnittsware, denen man durchaus ansehen konnte, unter welchen Umständen sie entstanden waren. Der

044 210 vor Dg 53845 am 1. August 1975 durchfährt Volpriehausen

Schmalfilm kam dabei zu kurz, denn ausreichend Zeit zum Stativaufbau, um Super-8-Kamera und Spiegelreflex gleichzeitig bedienen zu können, war meist nicht vorhanden. Alles musste schnell gehen. Zur Kehrseite der Medaille gehörte für mich außerdem, dass bei diesem rasanten Fahrstil und den am Tag zurückgelegten großen Entfernungen der schnelle Wagen allerhand fraß und ständig neuen Pistensaft verlangte. Bei meinem eingeschränkten Budget rissen diese Fahrten schon ein kleines Loch in die Kasse. Trotz allem hat die Sache viel Spaß gemacht, aber mehrere Wochen hintereinander hätte ich dieses Verfahren keineswegs auf mich nehmen wollen – und das nicht allein des Geldes wegen.

Bereits unmittelbar nach seiner Ankunft erzählte mir Burkhard, dass er seinen Aufenthalt in dieser Region auf knapp eine Woche reduzieren würde. Er hatte einen Antrag laufen, mit dem er seinen ersten Wohnsitz nach Westberlin verlegen wollte. Durch diesen ganz legalen Trick konnte er jederzeit in die DDR zum Fotografieren einreisen. Einen festen Termin, wann er den hierfür notwendigen Ausweis in Empfang nehmen konnte, hatte er schon. Nun fieberte er aufgeregt seinem ersten Besuch bei der Reichsbahn entgegen. Nach dem Besuch im AW Braunschweig machte er sich sogleich in Richtung Berlin auf die

044 492 vor Dg 53845 am
7. August 1975 in der Nähe
des Bahnhofs Bodenfelde

044 390 vor Dg 53849 am
29. Juli 1975 zwischen
Karlshafen und Bodenfelde

044 381 vor Dg 53849 am
17. Juli 1975 mit etwa 80 km/h
an der Weser bei Karlshafen

044 256 als Lz am 5. August 1975 vor der Ausfahrt Ottbergen in Richtung Northeim

Socken. Seine große Vorfreude und Begeisterung konnte ich vollkommen nachvollziehen, denn 1975 wurde bei der Reichsbahn der DDR in Punkto Dampf noch erheblich mehr geboten als die im Vergleich dazu lumpigen 44 und 50, die bei der DB verkehrten! Vor allem gab es noch jede Menge Schnellzugmaschinen, die ich schon sehr vermisste. Ein wenig beneidete ich ihn um diesen einmaligen Coup, der aber aus mehreren Gründen völlig jenseits der mir zur Verfügung stehenden Möglichkeiten lag.

Ab dem 25. Juli war ich wieder auf mich selbst gestellt. Die letzten Julitage überbrückte ich mit einer Bezirkswochenkarte, um mir anschließend für den Monat August eine Ferientourenkarte für den Bezirk 322 zuzulegen. Mit 150,- DM war das zwar auch kein billiges Vergnügen, für die vielen täglichen Fahrten aber unerlässlich und im Vergleich zu Einzelfahrkarten immer noch wesentlich billiger.

Zwei weitere Führerstandfahrten standen Anfang August auf dem Programm. Die erste ging am 1. August von Ottbergen nach Herzberg auf 044 566 mit dem 1237 t schweren Dg 53849. Der Meister war Lokbetriebsinspektor Hubert Mathias, ein sehr freundlicher, alter Fahrensmann; sein Heizer hieß Göllner. Das Wetter war ausgezeichnet. Bei Wehrden gab die Speisepumpe ihren Geist auf, sodass sich Mathias während der Fahrt – gerade als wir über die Weserbrücke fuhren – mit einem Hammer bewaffnet auf dem Umlaufblech nach vorn hangelte, um sie wieder gangbar zu machen. Seine Bemühungen hatten jedoch keinen Erfolg, sodass kurz darauf in der Nähe von Meinbrexen für die Reparatur auf freier Strecke gehalten werden musste. Nach wenigen Minuten konnte zwar die Fahrt fortgesetzt werden aber wegen der Verspätung musste in Bodenfelde die Kreuzung des E 3658 nach Oberhausen abgewartet

044 195 und 044 210 an der westlichen Ausfahrt des Bahnhofs Ottbergen

044 566 beim Wassernehmen im Bw Ottbergen am 15. August 1975

044 434 am 30. August 1975 auf der Drehscheibe des Bw Ottbergen

werden. Ansonsten verlief alles glatt und gefilmt habe ich wie ein Weltmeister. Gegen 17 Uhr waren wir in Herzberg. Ich holte für uns alle einige Dosen aus dem Getränkeautomat. Im Aufenthaltsraum aßen wir zusammen Abendbrot. Um 19.49 Uhr ging es mit dem Dg 53848 mit 676 t Zuggewicht wieder zurück. In Volprieshausen wurde kurz gehalten, damit ich absteigen konnte. Da der Bahnhof im Gefälle lag, war das überhaupt kein Problem. Um 21.15 Uhr war ich wieder im Quartier – ein ereignisreicher, schöner Tag mit 143 Kilometer Führerstand war zu Ende gegangen. Am 7. August gab es eine Wiederholung im gleichen Plan. An diesem Tage war die Schürzenmaschine 044 067 als Zuglok eingeteilt. Der Meister war Oberlokführer Günter Nolte, ebenfalls ein feiner Kerl, der mit viel Schwung und sicherer Hand den 1222 t schweren Dg 53849 über den Solling ins Leinetal nach Northeim und weiter nach Herzberg führte. Auf der Rückfahrt ließ mich auch Nolte in Volpriehausen absteigen. Da auch an diesem Tage – abgesehen von der großen Hitze – am Wetter nichts auszusetzen war, hatte ich nun alle für meinen 44er-Schmalfilm nötigen Führerstandsszenen im Kasten.

Nächtliches Ausschlacken im Bw an einer Lok der Baureihe 44

In der ersten Augustwoche lernte ich Bernd Artmann kennen. Er war ein Eisenbahnfreund aus Herzberg, der mit seiner alten BMW 500 die Züge verfolgte. Er hatte seine 1955 gebaute Maschine auf den stärkeren 37-PS-600er-Boxermotor umgerüstet. Wir hatten sofort eine gemeinsame Wellenlänge, schlossen schnell Freundschaft und ehe ich mich versah, befand ich mich als Sozius auf der Maschine. Des Motorradfahrens völlig ungewohnt, hatte ich bei den starken Neigungen in schnellen Kurvenfahrten anfangs die Befürchtung, dass wir umkippen könnten und versuchte daher instinktiv, dieses mit meiner Körperhaltung auszugleichen. Nachdem mir Bernd erklärt hatte, mich wegen eines besseren Fahrverhaltens ebenfalls voll in die Kurve zu legen und ich wegen der Fliehkraft ein Kippen nicht zu befürchten brauchte, wurde ich schnell ein Profibeifahrer. Am nächsten Tag brachte Bernd einen zweiten Sturzhelm mit. So gesichert haben mir die nun folgenden vielen Motorradfahrten unheimlich viel Spaß gemacht – weit mehr als mit einem Auto. Über Wendigkeit, Beschleunigungsvermögen und Geländefähigkeit dieses Motorrades musste ich immer wieder staunen – und das, obwohl diese schwere Tourenmaschine mit ihren satten 200 kg Gewicht beileibe kein schnelles Sportfahrzeug, geschweige denn ein Motocross-Gerät war. Mit diesem Zweirad, das, wenn es darauf ankam, bis zu 140 km/h lief, konnte man auch Wege und Untergründe überwinden, die mit einem handelsüblichen Pkw nicht befahren werden konnten. So konnten wir über Feldwege und durch den Wald bisher unerreichbare Fotopunkte ansteuern, die sonst nur für einen Fußgänger erreichbar waren. Verschiedentlich führte das aber auch zu einer Überschätzung der Möglichkeiten, besonders auf nassen und wenig tragfähigen Böden. Hin und wieder ging das dann gerade noch an einem Sturz vorbei, den Bernd als sicherer Lenker aber immer abwenden konnte.

Bernd, der, so weit ich mich erinnern kann, Maschinenbau studierte, konnte während meines Aufenthaltes an so manchem Tag in der Woche frei machen. Einmal hatte er sogar eine zusammenhängende Woche Urlaub. Meistens waren wir dann zusammen unterwegs. Fast immer trafen wir uns in aller Frühe am Herzberger Bahnhof und gingen dann gemeinsam auf Dampflokjagd. Überwiegend geschah dies auf den Abschnitten Ertinghausen – Northeim – Herzberg, Herzberg – Ellrich, Herzberg – Seesen – Neuekrug – Salzgitter-Ringelheim, aber auch den Dg 54312 zwischen Kreiensen und Seesen sowie

044 085 vor Dg 53842 am 6. August 1975 bei Brakel

die Naenser-Steigung hinauf. Einmal ging uns zwischen Neuekrug und Seesen der Sprit aus. Auch das Anheben des Vorderrades, um den noch in der Leitung befindlichen Kraftstoff zu nutzen, half nichts. So mussten wir bis zur nächsten Tankstelle mehr als 1 Kilometer schieben. An einem anderen Tag passierte uns ein Missgeschick, als wir einen nach kräftigen Regenschauern aufgeweichten Feldweg mit tiefen Pfützen durchfahren hatten und dadurch Wasser in den Motor gelangte. Bei der anschließenden Zugverfolgung nahm die Maschine kein Gas an, spuckte und verschluckte sich laufend und kam natürlich nicht auf Geschwindigkeit. Das Lokpersonal, das unser Motorrad schon kannte, wunderte sich nur, warum wir so langsam fuhren. Bis der Motor wieder rund lief und Bernd richtig aufdrehen konnte, war uns der Dampfzug entwischt.

Besonders achteten wir natürlich auf Sonderleistungen. Am 14. August nahmen wir den von 044 326 gezogenen und von 050 525 nachgeschobenen Ulbrichtzug Gag 47861 ab Northeim um 5.45 Uhr aufs Korn. Das bedeutete, dass wir bereits gegen 5 Uhr von Herzberg in Richtung Northeim knattern mussten. An diesem Morgen war es empfindlich kalt. Weil ich keine Motorradkleidung besaß und nur mit einer Jacke bekleidet war, machte mir der Fahrtwind ganz schön zu schaffen. Und das natürlich ohne Frühstück und den morgendlichen heißen Kaffee! Das Frieren hat sich aber gelohnt, denn wir erwischten den Zug bis Herzberg mehrere Male. Ab 7.55 Uhr verfolgten wir ihn bis kurz vor Ellrich. Besonders die sich endlos hinziehenden Ortdurchfahrten von Scharzfeld und Barbis waren für uns ein Verkehrshindernis und mehr als einmal sind wir mit wesentlich mehr als den erlaubten 50 km/h hindurchgefahren. Damals waren wir längst nicht die einzigen dampf-lokverfolgenden Verkehrsteilnehmer. Manchmal rasten mehrere Wagen im Blockabstand hintereinander mit 70 bis 80 km/h durch die Orte. Es war nur eine Frage der Zeit, bis die Polizei auf dieses Treiben aufmerksam wurde und von Fall zu Fall Radarkontrollen errichtete. Auf diese mussten wir immer gut Acht geben; erwischt wurden wir zumindest nicht. Am 27. August erfuhren wir ganz kurzfristig von dem auf der kaum genutzten Nebenstrecke zwischen Adelebsen und Göttingen nachmittags verkehrenden Schotter-Bedarfszug Gag 72021, der von der Schürzen-Maschine 044 067 gezogen wurde. Mit Vollgas ging es dorthin, denn dieser Zug hatte absolute Priorität. Bernd holte das Letzte aus seiner braven BMW heraus und da wir mittlerweile schon ein gut eingespieltes Team waren, konnten wir diesen Zug dreimal erwischen.

Nachdem wir in den folgenden beide Jahren Österreich mit dem Motorrad unsicher gemacht hatten, haben wir uns nach 1978 leider aus den Augen verloren. Sollte Bernd durch diesen Artikel Kenntnis von mir erhalten, würde ich mich über seine Nachricht riesig freuen!

044 381 vor Dg 53853 am 2. August 1975 bei Herste. Dieses war der Zug, der uns entwischte

Am Nachmittag des 8. August erwartete ich den hohen Besuch meines emsigen Mitstreiters und langjährigen Freundes aus Brügge Ulli Winterhoff, genannt Fitti Aschteriks. Fitti hatte vor einiger Zeit den Führerschein gemacht und war nun stolzer Besitzer eines alten, 1962 oder 1963 gebauten Ford 12 M mit 40 PS. Diese noch durchaus fahrtüchtige Kiste hatte er in Anlehnung an seine Lieblingslok 012 063 „1063" getauft. Fitti und ich hielten während meines langen Urlaubs regen Briefkontakt, der in erster Linie darin bestanden, dass ich als Mann vor Ort irgendwelche an den Wochenenden verkehrende Sonderleistungen herauszufinden und rechtzeitig zu melden hatte. Besonders heiß war Fitti auf den Ulbrichtzug. Dann war er nicht mehr zu halten. Wann immer er es einrichten konnte, verabredeten wir uns entweder schon am Freitagnachmittag oder am Samstag in der Frühe. Übernachtet wurde fast immer in meinem Zimmer. Selbstverständlich überließ ich Fitti als Fahrer mein Bett und legte mich zum Schlafen auf den Holzboden.

An diesem Freitag – ich hatte zuvor mein Domizil in Volpriehausen gerade geräumt und mein weniges Gepäck dabei – nahmen wir bei dem wie immer konstant herrlichen Wetter zunächst den Zugverkehr auf dem Abschnitt Altenbeken – Ottbergen aufs Korn. Dabei befuhren wir leichtsinnigerweise auch einige ziemlich ausgefahrene Feldwege, auf denen die 1063 mit ihrer geringen Bodenfreiheit trotz sehr umsichtiger Fahrweise mehrfach aufsetzte – mit fatalen Folgen wie sich schon bald zeigen sollte. Nach Einbruch der Dunkelheit begaben wir uns in das Bw Altenbeken, um Stativaufnahmen während des Ausschlackens anzufertigen. In den Nacht wollten wir dann in aller Ruhe an die Strecke Helmstedt – Braunschweig fahren, um am Samstag früh für den um 6.06 Uhr ab Helmstedt bis Braunschweig verkehrenden Postzug 43460 rechtzeitig zur Stelle zu sein. Die Existenz dieses von einer 44 gezogenen Zuges, der die gesamten Postgüter von Westberlin in die BRD beförderte und aus einem Sammelsurium von etwa 15 Bahnpostwagen unterschiedlichster Bauart bestand, war uns erst wenige Wochen zuvor durch eine Sichtung von Ofis Hilmar aus Hagen, der uns diese fotogenen Leistung dringend empfohlen hatte, bekannt geworden.

In der Nacht gegen 0.30 Uhr aber warf ein völlig unerwartet eintretendes Ereignis alle Pläne über den Haufen. Gerade als wir den sehr unebenen Bundesstraßenübergang der B 64 am Haltepunkt Hembsen vor Ottbergen überquert hatten, vernahmen wir ein unüberhörbares schepperndes Geräusch, das ähnlich klang, als würden leere Blechdosen über Asphalt gezogen. Fitti bremste sofort. Nun sahen wir die Bescherung: der etwa 2 m lange Auspuff unserer braven 1063 hatte sich hinten gelöst und lag auf der Straße! Obwohl das vordere Ende am Motor noch fest war, konnten wir ihn hinten nicht befestigen. Die Situation war derart komisch, dass wir uns trotz dieser nicht gerade angenehmen Situation zunächst vor Lachen die Bäuche hielten. Ein vorbeikommender Lkw-Fahrer konnte angesichts dieser Lage nur mitleidig mit dem Kopf schütteln. Nachdem wir uns schließlich beruhigt hatten, schritten wir zur Tat, denn hier auf ein Wunder zu warten, war sicher aussichtslos. Wir rissen die nur noch an einem seidenen Faden hängende lange Röhre auch vorne ab und verstauten sie so gut es ging im Kofferraum, dessen Deckel wegen der Länge dieses Teils nicht geschlossen werden konnte. Noch nicht einmal einen Strick zum Festbinden hatten wir dabei. Braunschweig konnten wir abschreiben. Stattdessen wollten wir versuchen, mit dem defekten Wagen in das etwa 50 Kilometer entfernte Volpriehausen zu gelangen, um ihn dort irgendwo in eine Werkstatt zu geben. Da ich wusste, dass die Tür zu meinem ehemaligen Quartier nicht verschlossen war, konnten wir uns dort noch etwas aufs Ohr legen. Das Tagesprogramm konnten wir dann in der Umgebung des Ertinghäuser Tunnels abziehen, bis der Wagen wieder fertig war. Dann startete Fitti seine auspufflose 1063, die ein lautes Dröhnen von sich gab. So langsam und vorsichtig wie möglich fuhren wir unter einer sehr kernigen Geräuschkulisse über Ottbergen nach Beverungen und über die Berge nach Uslar bis Volpriehausen. Die Fahrt verlief besser als erwartet. Ich als Copilot hatte darauf zu achten, dass der lose

044 599 vor Ng 63245 am 29. Juli 1975 verlässt den Reelsener Tunnel

044 381 vor Dg 53840 am 2. August 1975 kurz vor der Einfahrt in den Reelsener Tunnel

im Kofferraum hängende Auspuff nicht verloren ging. Morgens kurz vor 3 Uhr waren wir am Ziel. Todmüde legte sich jeder in eine Ecke und schon gegen 6 Uhr verschwanden wir auf Zehenspitzen, um ja niemanden zu wecken. Der Rest ist schnell erzählt. Vor Ort fanden wir einen freundlichen ausländischen Tankwart, dem wir die 1063 anvertrauten. Leider zog sich die an sich unproblematische Reparatur bis etwa 13 Uhr hin, da er als Alleinkraft durch die vielen tankenden Fahrzeuge in der Arbeit ständig unterbrochen wurde. Für seine redlichen Bemühungen kassierte er nur 10,- DM. Mit einem Trinkgeld und unseren beiderseitigen Dankesbekundungen konnten wir die bedarfsausgebesserte 1063 wieder in Empfang nehmen. Die restlichen Züge des Tages fotografierten wir in der nahen Umgebung. Nachdem sich Fitti am späten Nachmittag auf die Heimreise begeben hatte, fuhr ich mit dem Zug nach Herzberg, um für die restliche Zeit mein im April ausfindig gemachtes neues Quartier zu beziehen. Damit verlagerte sich mein Einsatzbereich wieder stärker nach Osten.

Manchmal kam Fitti auch in Begleitung von Ofis Hilmar und unserem Nesthäkchen, dem Jungschraat Ulli Diez zu Besuch ins Weserbergland und blieb mit diesen über Nacht. Für die Quartierbeschaffung war ich zuständig. So war es auch am Samstag, dem

044 434 vor Dg 53840 am 30. August 1975 auf Bergfahrt bei Reelsen

2. August, als wir uns gegen 7 Uhr am Ertinghäuser Tunnel zur kollektiven Ablichtung des bergwärts fahrenden Dg 53845 trafen. Mit vier Mann Besatzung war die 1063 dann mehr als gut ausgelastet und bei Zugverfolgungen mit nur 40 PS nicht gerade das temperamentvollste Fortbewegungsmittel. Hinzu kam, dass der Solling als Trennlinie zwischen Weser- und Leinetal verkehrsmäßig nicht gerade gut erschlossen war. Wenn wir den samstäglichen Dg 53840 ab Herzberg in Richtung Ottbergen verfolgen wollten, mussten wir ab Uslar den Umweg über die kurven- und steigungsreiche B 241 bis Beverungen fahren, bevor wir den Zug in Ottbergen überholen und auf dem Abschnitt bis Altenbeken noch einmal erwischen konnten. Da der Güterzug einen kürzeren Weg hatte, war er dabei eindeutig der schnellere. Nur durch seinen planmäßigen Aufenthalt in Ottbergen, konnte der Dg überholt werden. Da konnte sich unser Fitti so viel anstrengen wie er wollte – mehr gab seine alte Kiste nicht her. An diesem Tage hatten wir ein ausgesprochenes Pech. Den vorgenannten, bergwärts fahrenden Zug wollten wir unmittelbar oberhalb des Ertinghäuser Tunnels fotografisch verewigen. Eine geeignete Fotostelle mussten wir noch suchen. Wir waren schon sehr frühzeitig dort und befanden uns gerade beim Abstieg zur Strecke durch Wald und Unterholz als wir plötzlich die unverkennbaren Arbeitsgeräusche einer bergwärts fahrenden 44 hörten. Dabei war der verdammte Zug erst in 20 Minuten fällig, er kam also vor Plan. Nun ging alles blitzschnell: mehr oder weniger auf dem Hosenboden rutschten wir in aller Eile den Hang herunter, aber nur Fitti gelang in letzter Sekunde ein Notschuss! In der Hektik hatte ich vergessen, den Verschluss zu spannen und konnte angesichts des Zuges die Kamera nicht auslösen. Den beiden anderen erging es wohl ähnlich. Diesen – und nicht den letzten – bösen Streich hatte uns 044 381 gespielt. Zum Glück fuhren die Güterzüge auf allen Strecken immer relativ pünktlich, sodass man sich schon nach ihnen richten konnte. Andernfalls wäre es bei dem geringen Zugangebot äußerst fatal gewesen.

Der Tag war aber noch nicht zu Ende. Nachdem wir den Dg 53840 und den in der Gegenrichtung zu Tal fahrenden Ng 63245 in der Nähe des Reelsener Tunnels bei Altenbeken fotografiert hatten, nahmen wir uns den um 17.32 Uhr in Richtung Herzberg fahrenden Dg 53853, den die Lokomotive 044 381 als Rückleistung hatte, in der Nähe der zwischen den Bahnhöfen Bad Driburg und Brakel gelegenen Ort-

051 397 vor Dg 45867 am 30. August 1975 beim Passieren der aufgelassenen Blockstelle Bartolfelde

schaft Herste vor. Obwohl wir uns sofort an die Verfolgung in Richtung Uslar machten, konnte uns dieser Zug unerklärlicherweise entwischen. Rechtzeitig an der Steigung bei Bollensen/Gierswalde östlich von Uslar angekommen, sahen wir von ihm nicht einmal mehr ein Dampfwölkchen. Der Meister muss gefahren sein wie der Teufel! Vor allem Fitti war fassungslos und total am Boden zertrümmert, hatte er doch sein Bestes gegeben und das Letzte aus seiner 1063 herausgeholt – und trotzdem wie Napoleon bei Waterloo verloren. Ganz scheint er diesen Schock selbst heute noch nicht überwunden zu haben, denn sonst würde er nicht immer darauf zu sprechen kommen, wenn wir in gemütlicher Runde zusammensitzen und von alten Zeiten reden.

Für heute hatten wir von den Dampfzügen erst einmal die Nase voll. In dem nahen Gasthof gingen wir zum gemütlichen Teil des Tages über und ließen uns einige Biere schmecken. Die Kumpels hatten verschiedene Dias aus neuester Produktion mitgebracht, die wir in fröhlicher Runde bis spät in die Nacht begutachteten. Denn am nächsten Morgen konnten wir ja ausschlafen, da sonntags kein Güterverkehr zu erwarten war.

Nach einem guten Frühstück besuchten wir das Bw Northeim auf dessen Standgleisen immer mehrere Maschinen zu bewundern waren. Da stand sie nun, die 044 381 als Siegerin des gestrigen Tages. Die unter Dampf stehende Maschine säuselte ruhig vor sich hin, als könnte sie kein Wässerchen trüben. Ein mit Selbstauslöser entstandenes Gruppenbild dokumentierte das sich bietende Idyll. Am späten Nachmittag fuhr mein Besuch wieder heimwärts.

An einem Samstag, etwa zur Mitte meines Eisenbahnurlaubs, streikte der Verschluss meiner Kamera. Ich befand mich gerade auf dem Abschnitt Ottbergen – Amelunxen und wartete auf den aus Richtung Herzberg kommenden Dg 53840. Als er heran war, fuhr mir ein Schreck in die Glieder, denn ich konnte die Kamera nicht auslösen, obwohl der Verschluss gespannt war. Nichts ging mehr! Ich setzte mich ins Gras und hantierte verzweifelt und zunächst erfolglos an dem Gerät herum. Alles mögliche ging mir durch den Kopf. Am Montag würde ich wohl nach Göttingen oder Braunschweig fahren müssen, um mir ein Ersatzgehäuse für die Minolta zu besorgen – im Übrigen eine Geldausgabe, die keineswegs eingeplant war. Plötzlich, nach mehr als zwei Stunden – ich

052 757 vor Dg 45867 am 12. August 1975 bei der Ausfahrt aus Herzberg

044 389 mit 052 602 vor dem Ulbrichtzug Gag 47861 am 19. August 1975 auf der 1:100-Steigung nach Osterhagen

42 106 am 24. Juli 1975 auf Probefahrt im Rangierbahnhof Braunschweig

044 067 vor Schotter-Bedarfszug Gag 72021 am 27. August 1975 bei Lödingsen

weiß nicht wie mir geschah – funktionierte die Kamera wieder. Ein großer Stein fiel mir vom Herzen. Dabei weiß ich noch nicht einmal, wie ich das angestellt hatte.

Nicht nur Geräte, sondern auch Bekleidung hatten unter der Dauerbelastung zu leiden. Auf der Suche nach einem optimalen Fotopunkt an der Wehrener Weserbrücke, verlor ich bei der Kletterei am steilen westlichen Hang den Halt und stürzte einige Meter tief und blieb schließlich im dichten Gesträuch hängen. Außer einigen Hautabschürfungen und blauen Flecken war mir nichts passiert – nur in meiner alten Cordhose klaffte am Bein und Hinterteil ein riesengroßes Loch. Der nette Bahnhofsvorsteher von Wehreden kam mit einem Hefter zur Hilfe, mit dem ich die Hose notdürftig zusammenflicken konnte. Abends erfolgte im Quartier die endgültige Reparatur mit blauem Zwirnsfaden, die zwar nicht besonders fachmännisch, dafür aber so solide war, dass das gute Stück auch noch meinen Österreich-Urlaub im folgenden Jahr mitmachen konnte. Anders hingegen sah es mit meinem Schuhwerk aus. Vor Antritt der Fahrt hatte ich ein Paar im Sonderangebot erhältliche billige Arbeitsschuhe für 10,- DM erworben. Schon nach knapp drei Wochen fingen die ersten Nähte an, aufzuplatzen. Von Tag zu Tag lösten sich die Schuhe immer mehr auf, sodass ich sie fast jeden Abend mit Nadel und Faden ausbessern musste. Am 23. August wurden die Kampfstiefel im Bw Herzberg entsorgt – sie waren beim besten Willen mit Bordmitteln nicht mehr zu reparieren. Aufgrund des guten, sehr beständigen Wetters reichten für die letzte Woche auch meine leichten Schuhe.

Am 29. August, kurz vor Ende meines Urlaubs, kam ich nochmals in den Genuss eines von 044 085 gezogenen Kesselwagenbedarfszuges, des bei den Eisenbahnern auch „Langelsheimer" genannten Gag

044 326 vor Dg 54312 am 26. Juli 1975 durchfahrend Bad Gandersheim

044 566 vor Ng 64448 am 26. Juli 1975 bei Salzgitter-Ringelheim

57422. Der von Langelsheim über Kreiensen, Holzminden, Ottbergen nach Gladbeck-West verkehrende Zug wurde bis Altenbeken mit Dampf befördert. An diesem Tag traf ich an der Steigung nach Osterhagen einen im Besitz eines alten Käfers befindlichen Eisenbahnfreund. Bei ihm konnte ich bis in die Steigung von Greene mitfahren, wo der 800-t-Zug gegen 14 Uhr erwartet wurde. Dieser fuhr kaum mehr als Schrittgeschwindigkeit, sodass wir ihn auch mit einem langsamen VW getrost zweimal hätten erwischen können, hätte sich nicht gerade eine durch Ampel gesicherte Baustelle auf dem Verfolgungsabschnitt befunden. So gingen wir lieber auf Nummer sicher und beließen es bei einem Mal.

Letztmalig hatte ich am 30. August Besuch von meinen Freunden. Da der begehrte Ulbrichtzug an diesem Tag nicht verkehrte, setzte ich mich mit meinen Habseligkeiten am Morgen in den um 6.12 Uhr ab Herzberg in westliche Richtung verkehrenden P-Zug, denn Fitti hatte mir für die Rückfahrt bis Hagen einen Platz in seiner 1063 reserviert. Damit blieb mir bis zum Unterrichtsbeginn am Montag noch ein Tag zum Ausruhen. Zum Ulbrichtzug hätten wir uns um 6 Uhr in Herzberg getroffen. Um 7.01 Uhr wurde ich von Fitti und Hilmar bereits in Ertinghausen erwartet, in dessen Umgebung wir den Dg 53845 fotografierten. Anschließend ließen wir uns bei der Lokbehandlung in Herzberg nochmals Bw-Luft um die Nase wehen. Für den von 051 397 gezogenen Dg 45867 ging es an die aufgelassene Blockstelle Bartolfelde. Dann nahmen wir den Dg 53840 mit seiner Lokomotive 044 434 an der Wehrdener Weserbrücke aufs Korn. In der Nähe von Reelsen kriegten wir den Zug nochmals vor die Linse. Dann hieß es von dieser interessanten Region Abschied zu nehmen. Um 20.18 Uhr fuhr der E 3194 ab Hagen. Nach Ankunft in Neuss um 21.16 Uhr brauchte ich noch rund eine weitere Stunde, bis ich in Holzheim ankam.

Ein schöner, abwechselungs- und ereignisreicher, aufgrund des sehr beständigen guten Wetters und der vielfältigen Mitfahrgelegenheiten fotografisch auch recht ergiebiger Urlaub war zu Ende. Allein mit der Bundesbahn hatte ich in dieser Zeit genau 5896 Kilometer zurückgelegt.

Mit Ablauf des Winterfahrplans 1975/76 endete Ende Mai 1976 der Dampflokeinsatz in diesem Raum und auf allen diesen Linien. Zuvor sollte mir im April 1976 noch ein hauptsächlich auf den Abschnitt nach Altenbeken ausgerichteter 15-tägiger Abschiedsurlaub mit Quartier in Ottbergen vergönnt sein.

Die DME (Dortmund-Märkische Eisenbahn)

Über das kurze Leben einer erfolgreichen Eisenbahngesellschaft

von Christoph Riedel

Die Euphorie war groß, als am 30. Mai 1999 die DME (Dortmund-Märkische Eisenbahn) den Personenverkehr auf der Volmetalbahn Lüdenscheid–Hagen–Dortmund von der Deutschen Bahn übernahm und man sprach bereits von einem „historischen Datum". Fast 120 Jahre lang war die Strecke und ihre südliche Verlängerung von Brügge über Meinerzhagen nach Dieringhausen im Aggertal von der Staatsbahn betrieben worden. Auf dem Streckenteil südlich des ehemaligen Nebenbahnknotens Brügge ruht der Reisezugverkehr bereits seit den Achtzigerjahren, der ins Ruhrgebiet führende Streckenteil sollte nun mit neuem Betreiber und Fahrzeugen modernster Bauart eine Belebung der Nachfrage erfahren.

Nach dem Ende des Dampfbetriebs 1965 verkehrten für 29 Jahre auf der Volmetalbahn Wendezüge mit Lokomotiven der V 100-Familie und damals modernen Nahverkehrswagen, die im Volksmund den Beinamen „Silberlinge" erhielten. Diese in die Jahre gekommenen und auch nicht immer sauberen Zuggarnituren wurden von den Fahrgästen nicht mehr gut angenommen. Zwar ersetzte die Deutsche Bahn ab September 1994 die veralteten Fahrzeuge durch neue Triebwagen der Reihe 628, spürbar belebt wurde die Nachfrage dadurch jedoch nicht.

Das 1995 vom Landtag in Düsseldorf verabschiedete „Gesetz zur Regionalisierung des öffentlichen Schienenpersonennahverkehrs sowie zur Weiterentwicklung des ÖPNV" setzte die rechtlichen Rahmenbedingungen, die letztlich das Aus für die DB-AG im Personenverkehr der Volmetalbahn möglich machten. In Zukunft sollten „Zweckverbände" für die Planung, Organisation und Ausgestaltung des Nahverkehrs auf der Schiene verantwortlich sein. Um dem Wettbewerbsgedanken Rechnung zu tragen, schreiben diese Verbände Verkehrsleistungen auf der Schiene aus, so dass der jeweils günstigste Anbieter zum Zuge kommt. Im Bereich der Volmetalbahn entstand neben dem bereits seit längerer Zeit existierenden „Verkehrsverbund Rhein-Ruhr" (VRR) der „Zweckverband Ruhr-Lippe" (ZRL) – ein Gemeinschaftsunternehmen des Märkischen Kreises, des Hochsauerlandkreises, der Kreise Soest und Unna sowie der kreisfreien Stadt Hamm. Nach einer europaweiten

Am 13.09.2002 wartet der von der Rurtalbahn ausgeliehene Regiosprinter am Brügger Bahnsteig auf Ausfahrt in Richtung Lüdenscheid, während die 216 des Bh Oberhausen den Güterzug aus Krummenerl nach Brügge gebracht hat

Ausschreibung der Zweckverbände zeigten insgesamt 17 Bewerber Interesse, den Personenverkehr auf der inzwischen so genannten „Regionalbahn 52" zwischen Dortmund und Lüdenscheid zu übernehmen, darunter auch die DB. Durchgesetzt hatte sich gegen alle Konkurrenten die am 12. August 1997 gemeinsam von „Märkischer Verkehrsgesellschaft" (MVG) und den Dortmunder Stadtwerken (DSW) gegründete „Dortmund-Märkische Eisenbahn" (DME), in der die MVG mit 26 Prozent Anteil der kleinere Partner war. Am 26. August 1998 wurden im historischen Rittersaal der Burg Altena der Infrastrukturnutzungsvertrag zwischen der Deutschen Bahn als Eigentümerin von Strecke und Stationen und der DME sowie der Verkehrsvertrag zwischen DME und den Zweckverbänden VRR und ZRL unterzeichnet. Danach sollte die DME den Zugbetrieb vom 1. Januar 1999 an mit Triebwagen des Typs „Talent" der Aachener Firma Talbot aufnehmen. Lieferprobleme der Herstellerfirma verhinderten jedoch die planmäßige Aufnahme des Zugbetriebs. In dieser Situation zeigte sich die DB als faire Verliererin, denn sie war bereit, bis zum Eintreffen der neuen Fahrzeuge den Fahrbetrieb auf der Volmetalbahn und dem anschließenden Stück zwischen Hagen Hbf und Dortmund Hbf zu gleichen Konditionen weiterzuführen. Als dann am Abend des 29. Mai 1999 der letzte DB-Triebwagen in Richtung Hagen rollte, endete nicht nur der Einsatz der Reihe 628.4, sondern auch 117 Jahre nach Verstaatlichung der Bergisch-Märkischen Eisenbahn der Staatsbahnbetrieb im Personenverkehr der Volmetalbahn. Der Vertrag zwischen den Zweckverbänden und der DME war allerdings auf etwas mehr als fünf Jahre befristet und es sollte sich zeigen, dass die DB nicht endgültig aus dem Rennen um die Volmetalbahn ausgeschieden war.

Für den Stundentakt auf der 57 km langen Strecke benötigte der neue Betreiber – genau wie bei der DB – drei Zuggarnituren. Da immer ein Ersatzfahrzeug zur Verfügung stehen sollte, wurden vier dreiteilige Nahverkehrstriebwagen des Typs „Talent" beschafft, die bei der DME die Betriebsnummern VT 01.101 bis VT 01.104 erhielten. Die benötigten Triebfahrzeugführer bereitete man in einem einjährigen Kurs auf ihre Arbeit in den neuen Fahrzeugen vor.

Mehr als zehntausend Besucher lockten die Eröffnungsfeierlichkeiten am 30. Mai 1999 an die Strecke. Verbunden wurde die Aufnahme des Fahrbetriebs mit Bahnhofsfesten im ehemaligen Nebenbahnknoten Brügge und im Dortmunder Hauptbahnhof. Die hei-

Ausfahrt der Regionalbahn Dortmund – Lüdenscheid aus dem Bahnhof Brügge. Nach dem schweren Unfall vom 26.08.2002 half der Regiosprinter der Dürener Kreisbahn im Volmetal aus. (Brügge, 13.09.2002)

In den ersten Wochen nach dem unfallbedingten Ausscheiden eines Triebwagens der DME war dieser alte MAN-Schienenbus der Karsdorfer Eisenbahn im Volmetal im Einsatz. Er bot zwar wenig Komfort, weckte aber nostalgische Gefühle bei den älteren Fahrgästen, die in ihrer Jugend mit den ähnlichen Uerdinger Schienenbussen gefahren waren (Lüdenscheid, 20.09.2002)

Auch als Doppeltriebwagen waren die Regiosprinter der Dürener Kreisbahn auf der Strecke Dortmund – Lüdenscheid im Einsatz. (Ruhrviadukt Herdecke, 23.03.2003)

mische Presse würdigte das Ereignis mit einem Sonderdruck des Lokalblattes, der lokale Rundfunksender beteiligte sich mit einer Reportage. Um Kunden mit den neuen Fahrzeugen bekannt zu machen, gab die DME an diesem Tag Freifahrkarten für die gesamte Strecke von Lüdenscheid nach Dortmund aus.

Nach der Aufnahme des planmäßigen Zugverkehrs durch die DME stiegen die Fahrgastzahlen auf der Strecke Lüdenscheid–Dortmund innerhalb weniger Monate um etwa 20 Prozent an, obwohl das Fahrplanangebot zunächst nicht verbessert wurde. Für die positive Entwicklung der Fahrgastzahlen gab es mehrere Gründe. Sicherlich hatten modernes Design und die Sauberkeit der Züge dazu beigetragen, mehr Gäste in die Fahrzeuge zu locken. Von Fahrgästen geschätzt wurde aber auch die Möglichkeit, Tickets am Automaten im Zug zu kaufen. Auch hatte bis zum Mai 2000 ein verändertes Tarifsystem die Attraktivität von Eisenbahnfahrten aus Lüdenscheid zumindest in den Raum Bochum/Dortmund erhöht. Bekanntlich gehört die Volmetalbahn zwischen Lüdenscheid und Dahlerbrück zum Verkehrsverbund Ruhr-Lippe, das restliche Streckenstück dagegen zum Verkehrsverbund Rhein-Ruhr. Mit einem vom Märkischen Kreis subventionierten sogenannten „Übergangsticket Märkischer Kreis – VRR" konnten bis Mai 2000 Fahrgäste aus dem Raum Lüdenscheid bis Bochum oder Dortmund mit einer einzigen Fahrkarte zu einem sehr günstigen Preis reisen. Damit war es seit dem Fahrplanwechsel im Mai 2000 vorbei. In den entsprechenden Ausschüssen des Kreistags wurde ein Antrag auf weitere Subventionierung des Fahrpreises in Höhe von 600 000 DM abgelehnt, so dass danach die oben beschriebene Fahrt immerhin mit 14,90 DM zu Buche schlug. Allerdings war als Ausgleich nun die Benutzung der Bahncard möglich. Die neue Regelung ging einher mit der Einführung des neuen Ruhr-Lippe-Tarifs. Damit waren und sind auch heute noch bei Fahrten über die Gemeindegrenzen hinaus auch Busse im Abfahrt- und Zielgebiet nutzbar. Bochum war nun mit einem Ticket dieses Tarifgebiets allerdings nicht mehr erreichbar. Ein weiteres Novum gegenüber der „Bundesbahnzeit" war die Mitfahrt eines „Servicemitarbeiters" der DME, der den Fahrgästen mit Rat und Tat zur Seite stand und auch über das neue Tarifsystem informierte. Zusätzlich befanden sich ab 2001 in den Abendstunden zwei Sicherheitskräfte im Zug, die nicht nur für die Sicherheit der Fahrgäste zuständig waren, sondern auch Serviceaufgaben übernahmen. Vandalismus im Zug war bei der DME deshalb nicht zu beobachten. Die Attraktivität des neuen Zugangebots wurde sicherlich auch gesteigert durch die beeindruckende Pünktlichkeit, mit der die Züge auf der Volmetalbahn verkehrten.

11.Dezember 2004, 22:05h.: Der letzte Triebwagen der DME wird in wenigen Sekunden als Leerfahrt den Lüdenscheider Bahnhof verlassen

Während rechts der planmäßige DB-Triebwagen auf Ausfahrt in Richtung Hagen erhalten hat, wartet der nagelneue DME-Triebwagen darauf, seine Probefahrt im Volmetal fortsetzen zu können. (Rummenohl, 25.04.1999)

Auf seiner Probefahrt am 25.04.1999 hat der Triebwagen der DME die Steilstrecke nach Lüdenscheid erreicht. Mit seinen beiden kräftigen Motoren wird die große Steigung zwischen Brügge und Lüdenscheid problemlos bewältigt. (Lösenbach)

Regionalbahn Lüdenscheid – Dortmund im Lösenbach am Tag nach Übernahme der Strecke durch die DME

Das Einfahrsignal von Brügge zeigt nach Rückbaumaßnahmen im Bahnhof und an der Strecke grundsätzlich Hp2. Einfahrt der Regionalbahn von Dortmund (29.07.1999)

Gelegentlich kamen auch zwei Triebwagen zusammen zum Einsatz. Die Aufnahme entstand an einem Samstagnachmittag, so dass ein Zusammenhang mit einem Bundesligaspiel im Ruhrgebiet vermutet werden darf

Zwischen Brügge und Hagen mussten wegen des stark mäandrieremnden Flusses Volme zahlreiche Tunnel und Brücken errichtet werden. Gleich hinter der Volmebrücke bei Dahlerbrück wird die Regionalbahn 52 nach Lüdenscheid wieder in einem der vier Tunnel verschwinden. (12.09.1999)

Einfahrt der Regionalbahn von Lüdenscheid in den Bahnhof Brügge. Hier muss „Kopf gemacht" werden, um durch das untere Volmetal nach Hagen zu gelangen. (20.11.1999)

Die Regionalbahn Lüdenscheid-Dortmund verlässt Brügge in Richtung Hagen. Rechts geht es in die starke Steigung Richtung Lüdenscheid. (20.11.1999)

Innerhalb eines Zeitfensters von etwa 15 Sekunden passierten die Züge der Volmetalbahn planmäßig das an der Strecke gelegene Wohnhaus des Autors. Verspätungen waren ausgesprochen selten, obwohl durch den Abbau des zweiten Streckengleises zwischen Hagen-Delstern und Brügge im Jahr 1996 die Gefahr von Verspätungen groß war, da jeweils ein Triebwagen in Rummenohl den Gegenzug abwarten musste und so Verspätungen eines Zuges sich auch in der Gegenrichtung auswirkten.

Auch hinsichtlich des Zugangebots gab es nach der Übernahme der Strecke durch die DME Verbesserungen. Vom 28. Mai 2000 an endete samstags und sonntags der letzte Zug von Dortmund nicht in Hagen (Ankunft 20.06 Uhr), sondern wurde nach Lüdenscheid durchgebunden, so dass es 21.09 Uhr ab Lüdenscheid noch eine Fahrt ins Ruhrgebiet gab (Ankunft Dortmund Hbf 22.27 Uhr). Bereits ein Jahr später wurde das Zugangebot am Sonntag weiter verbessert. Gab es bislang am Vormittag lediglich einen Zweistundentakt, führte die DME ab 2001 auch in dieser Zeit den Stundentakt ein. Ein Ärgernis allerdings konnte auch die DME während ihres fünfjährigen Gastspiels nicht abstellen: die lange Fahrzeit nach Hagen und Dortmund. Dies wird sich auch in Zukunft kaum ändern, denn nach der Demontage des zweiten Streckengleises ist eine Zugkreuzung zwischen Brügge und Hagen-Delstern nur noch in Rummenohl möglich. Theoretisch wäre zwar ein Halbstundentakt möglich, doch gäbe es dann keine Fahrplantrassen mehr für den Güterverkehr, der weitgehend durch Schottertransporte aus den Steinbrüchen an der Listertalsperre bestimmt wird. Für einen Halbstundentakt wäre deshalb der Wiederaufbau des zweiten Streckengleises oder aber eine zusätzliche Ausweichmöglichkeit beispielsweise im Bereich des ehemaligen Bahnhofs Schalksmühle erforderlich.

Trotz allen Engagements der Mitarbeiter blieb die DME jedoch von Pannen nicht verschont. Bereits zwei Tage nach der Eröffnung des Zugverkehrs blieb am 1. Juni 1999 ein Triebwagen auf der Fahrt von Dortmund nach Lüdenscheid im Kreuzungsbahnhof Rummenohl mit Motorschaden liegen. Die Fahrgäste mussten mit Bussen ihr Fahrziel erreichen. Danach jedoch lief der Betrieb mit den neuen Triebwagen zur Freude der zahlreicher gewordenen Fahrgäste störungsfrei bis zu jenem 26. August 2002, als gegen 23.30 Uhr zwei Triebzüge auf ihrem Weg zur Werkstatt- und Abstellhalle der Dortmunder Eisenbahn (DE), die die Wartung der Fahrzeuge übernommen

Auf dem Weg in Richtung Hagen (-Dortmund) hat der DME-Triebwagen soeben den Haltepunkt Dahlerbrück verlassen (26.02.2000)

Lüdenscheid, der Endpunkt der Strecke, liegt auf den Höhen zwischen Lenne und Volme. Um nach Brügge im Volmetal zu gelangen, muss der Zug im Lösebachtal ein starkes Gefälle hinabrollen. 2.05.2001

Nach dem Unfall vom 26.08.2002 kam u.a. auch dieser LINT 41 der Firma Alstom im Volmetal zum Einsatz. Die gleichen Fahrzeuge fahren heute für die DB auf der Strecke. (Lüdenscheid, 4.05.2003)

hatte, von einer Rangierlok gerammt wurden. Zwar wurde bei diesem Unfall niemand verletzt, die beiden Talente jedoch wurden schwer beschädigt und fielen für lange Zeit aus. Da die DME insgesamt vier Triebwagen vorhielt, von denen drei für einen Umlauf benötigt wurden, musste sich das Unternehmen nach Leihfahrzeugen umsehen, denn die Reparaturen sollten nach erster Einschätzung mindestens sechs Monate dauern. Zunächst sprang die „Ostmecklenburgische Eisenbahngesellschaft (OME) ein, die vom 2. September an für etwa eine Woche ein baugleiches Fahrzeug zur Verfügung stellte. Gleichzeitig traf aus Düren ein „Regiosprinter" der Dürener Kreisbahn (DKB) ein. Ab Oktober 2002 kam dann ein weiteres Fahrzeug dieses Typs im Volmetal zum Einsatz. Nicht nur der Schriftzug „Rurtalbahn" auf den blau-weißen Flitzern war gewöhnungsbedürftig, auch der Fahrkomfort dieser für kurze Fahrstrecken ausgelegten Fahrzeuge ließ im Volmetal keine Begeisterung aufkommen. Fünf schmale Sitzplätze in einer Reihe gegenüber deren vier im Talent waren vielleicht noch zumutbar, nicht aber das Fehlen einer Toilette auf der immerhin etwa achtzigminütigen Fahrt von Dortmund nach Lüdenscheid. Von der zweiten Septemberhälfte an wurde der Fahrzeugpark im Volmetal noch bunter. Mancher Fahrgast fühlte sich zurück versetzt in seine Kindheit, als die Uerdinger Schienenbusse des Bw Dieringhausen überall im Volmetal zu sehen waren. Die Karsdorfer Eisenbahngesellschaft (KEG) half nämlich nun mit zwei MAN-Schienenbussen aus den Fünfzigerjahren aus. Die Triebwagen hatten ihre liebe Not auf der 6,6 km langen Steilstrecke von Brügge nach Lüdenscheid. Erst ab November 2002 konnte dann wieder ein den heutigen Ansprüchen angemessener Fahrkomfort geboten werden, denn die Firma Alsthom stellte einen Triebwagen des Typs LINT 41 zur Verfügung, der gleiche Fahrzeugtyp, der seit dem 11. Dezember 2005 von der DB auf der Volmetalbahn eingesetzt wird. Immer wieder aber konnten auch Regiosprinter der Dürener Kreisbahn im Einsatz beobachtet werden. Weil die ursprünglich auf sechs Monate veranschlagten Reparaturen an den beschädigten Fahrzeugen länger als vorgesehen dauerten, konnte die DME erst ab Februar 2004 wieder auf alle vier Triebwagen zurückgreifen. Lange währte die Freude jedoch nicht, denn bereits am 17. Juni 2004 war wieder ein Triebwagen in einen Unfall verwickelt. Am beschrankten Bahnübergang in Dahlerbrück erfasste ein aus Richtung Brügge kommender Zug einen Holztransporter, der wegen starken Autoverkehrs auf der parallel zur Bahnstrecke verlaufenden B 54 den Gleisbereich nicht rechtzeitig verlassen konnte. An dieser Stelle war es Anfang 2004 bereits zu einem tödlichen

Der Alstom-Triebwagen auf dem Weg nach Hagen kurz hinter Schalksmühle. Das zweite Streckengleis kann heute leider nicht mehr befahren werden, teilweise ist es sogar abgebaut worden. (17.06.2003)

Unfall gekommen, als ein Kind trotz geschlossenr Schranke den Bahnübergang passierte. Beim Zusammenstoß mit dem Lkw wurde der DME-Triebwagen so stark beschädigt, dass er bis zum Übergang der Strecke auf die DB im Dezember 2004 nicht mehr eingesetzt werden konnte. Auch hier halfen wieder Fahrzeuge der Ruhrtalbahn aus.

Trotz dieser Schwierigkeiten war die Geschäftsführung der DME zuversichtlich, auch über 2004 hinaus den Personennahverkehr im Volmetal durchführen zu können. Bereits zwei Jahre nach Übernahme der Volmetalbahn durch die DME wurden von den Zweckverbänden Ruhr-Lippe (ZRL), Verkehrsverbund Rhein-Ruhr (VRR) und Münsterland (ZVM) mehrere Strecken zum sogenannten „Sauerland-Netz" zusammengefasst und europaweit ausgeschrieben. Zu diesem Netz gehören die Regionalbahnstrecken Dortmund–Hagen–Lüdenscheid, Dortmund–Schwerte–Iserlohn, Unna–Fröndenberg–Neuenrade und Dortmund–Meschede–Bestwig–Winterberg. Außerdem sollte die westmünsterländische Strecke von Dortmund über Coesfeld nach Gronau ausgeschrieben werden. Zum Zuge kommen konnte nun also nur derjenige Bewerber, der für alle ausgeschriebenen Strecken das günstigste Angebot abgab. Die DME gab sich zuversichtlich hinsichtlich ihrer Wettbewerbsfähigkeit und äußerte in der Lokalpresse die Hoffnung, über die isolierte Einzelstrecke im Volmetal hinaus in einen Netzbetrieb mit zahlreichen Anschlussverbindungen einsteigen zu können. Doch im Herbst 2002 war klar, dass die DME nur ein fünfjähriges Gastspiel auf der Volmetalbahn geben würde. Wie der heimischen Presse zu entnehmen war, sollen DB und auch andere Bewerber ein wesentlich besseres Angebot unterbreitet haben. Auch bei der Westmünsterlandbahn geriet die DME ins Hintertreffen. Hier konnte sich die Prignitzer Eisenbahn als günstigster Anbieter durchsetzen. Die Pressemitteilung, die DME habe bei ihrer Kalkulation äußerst genau gerechnet, denn Kalkulationsfehler würden zu Lasten der Stadt Dortmund und des Märkischen Kreises gehen, lässt sich dahingehend interpretieren, dass man hinsichtlich der Genauigkeit der Kalkulation bei der DB zumindest Zweifel hegte. Trotz der Niederlage schien das Ende der DME nicht unausweichlich zu sein, deutete doch die DB die Möglichkeit an, die DME als Subunternehmer im Volmetal und auf der Hönnetalbahn Unna–Neuenrade zu verpflichten. Nachdem sich diese Option zerschlagen hatte, stand das Aus für die DME definitiv fest. Die 16 Triebwagenführer wurden von den an der DME beteiligten Unternehmen Dortmunder Stadtwerke und Märkische Verkehrsgesellschaft übernommen. Das Kölner Unternehmen Angel Trains kaufte die Fahrzeu-

Hinter Hagen verlässt die Strecke das Volmetal und führt über Herdecke/Ruhr nach Dortmund. Auf dem imposanten Ruhrviadukt bei Herdecke rollt ein Regiosprinter der Dürener Kreisbahn ais Leihfahrzeug der DME in Richtung Dortmund (Herdecke, 12.06.2003)

ge und vermietet sie an interessierte Einbahnbetreiber. So ging am 11. Dezember 2004 ein interessantes und erfolgreiches Stück südwestfälischer Eisenbahngeschichte zu Ende. Bleibt zu hoffen, dass die DB mit ihren neuen Triebwagen des Typs 648 (LINT 41) ähnlich große Akzeptanz bei den Fahrgästen erfährt wie die Dortmund-Märkische-Eisenbahn.

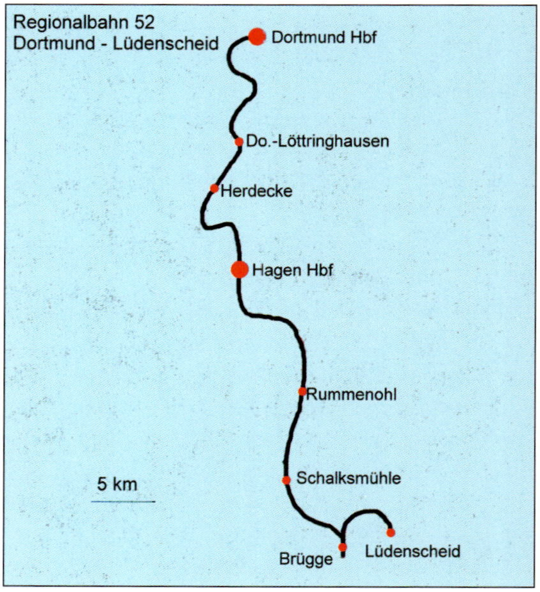

Bilanz des Unternehmens DME:

- knapp 61 000 Zugfahrten
- mehr als 900 000 Strationshalte
- etwa 3,1 Millionen Fahrplankilometer
- über 6 Millionen Fahrgäste
- 95prozentige Pünktlichkeit

Fahrzeugporträt:

Die Fahrzeuge der Reihe „Talent" werden in verschiedenen Versionen von der Herstellerfirma Bombardier/Talbot angeboten. Bei der DME kam die dieselmechanische Variante mit zwei Motoren und insgesamt 630 kw Leistung zum Einsatz. Das Fahrzeug besteht aus drei Teilen: Zwei motorisierte Endwagen sind mit einem antriebslosen Mittelwagen durch Jakobsdrehgestelle verbunden. Die Fahrzeugteile sind im Betrieb nicht zu trennen. Auf einem geschweißten Untergestell befindet sich ein Stahlgerippe, auf das die Außenhaut aus Kunststoff aufgeklebt ist. Die Fahrzeuge besitzen Scheibenbremsen auf allen Achsen sowie Magnetschienenbremsen an den Triebdrehgestellen. Die Motorleistung wird über ein hydrodynamisch-mechanisches Ecomat-Getriebe mit Anfahrwandler übertragen. Die beiden Fahrmotoren beschleunigen das Fahrzeug auf bis zu 120 km/h. Bei einem Eigengewicht von 72,7 t weist der Triebwagen eine Länge von 43 860 mm auf. Es bietet 120 Fahrgästen eine Sitzgelegenheit.

Seit dem 12.12.2004 wird die Volmetalstrecke wieder von der DB bedient. Am 5.02.2005 hat die RB 52 von Dortmund Einfahrt in Brügge

Stromlinien-Dampflokomotiven in Deutschland

Vom Schnellverkehr in den 30er Jahren des letzten Jahrhunderts

von Lothar Spielhoff

Aus dem englischen Eisenbahnwesen kommt der Begriff Streamlining Fever für das deutsche Stromlinien-Fieber, das in den dreißiger Jahren des letzten Jahrhunderts bei den Eisenbahnen in der Fahrzeugentwicklung sehr stark präsent war. Heute im Wettbewerb bei den verschiedenen Automobilen sprechen wir vom Cw-Wert, um eine Auto beurteilen zu können. Unter der Stromlinie bei Lokomotiven versteht man ein windschnittiges farbenfrohes Blechkleid um die ganze Lokomotive herum.

Wenn wir im Lokomotivbau die Geschichte und Entwicklung verfolgen, so gehen wir bis in die Jahre um 1900 zurück, denn diese Zeit damals war weit vorauseilend, wurden doch eine ganze Anzahl von Versuchen mit windschnittig zugespitzten Lokomotiven unternommen. Es handelte sich zwar um viele Einzelversuche, aber auch um Serienlokomotiven, die sich im Betrieb gut bewährt haben. So ließ die Badische Staatsbahn von der Lokomotivfabrik Hartmann, Chemnitz, 12 Lokomotiven der Gattung IIc in fünfter Serie im Jahre 1900 als Schnellzuglokomotiven bauen mit der Achsanordnung 2'B n2, hatte 2100 mm große Treibräder und ein innenliegendes Triebwerk, sie war ein ausgesprochener Schnellläufer mit 120 km/h. Erstmals in Deutschland angewandt hatte sie Windschneiden an Rauchkammer und Führerhaus. An ihrer äußeren Gestaltung sind allerdings manche französischen Einflüsse erkennbar und sie war eine elegante, formschöne Lokomotive der damaligen Zeit.

Fast zur gleichen Zeit erhielt eine preußische P 3 eine windschnittige Form, sogar der Schornstein wurde neben dem Führerhaus und der Rauchkammertür so versehen. Selbst die bekannte P 8 erhielt in ihrer Lieferung noch ein Spitzführerhaus. Auch die Sächsische Staatsbahn hat mit ihrer Gattung XII H

Die badische Schnellzuglokomotive 2B n2, Gattung IIc, Rauchkammer und Führerhaus

Auch die Preußische Staatsbahn ließ eine S 3-Schnellzuglokomotive windschnittig ausführen

Stromlinien-Gedanken in Anlehnung an andere Länderbahnen eine Lokomotivbauart mitgebaut.

In Preußen blieb man ebenfalls nicht untätig. Nach den elektrischen Schnellbahnversuchen 1903 auf der Militärbahn in Zossen wurden im Jahre 1904 zwei Lokomotiven von Wittfeld und Kuhn entwickelt, bei Henschel in Kassel gebaut. Es war eine Dreizylinder-Verbund-Schnellbahn-Lokomotive, Bauart Wittfeld, Gattung S 9, der Kgl. Preußischen Staatsbahn, die die Betriebs-Nr. 561 der Direktion Altona erhielt. Markant war das vorn liegende Spitzführerhaus und die vollständige Verkleidung von Lok und Tender. Sie erhielt den Spitznamen "Möbelwagen". Mit ihrem Dreizylinder-Triebwerk erreichte sie nur 137 km/h. Weitere Versuche wurden nicht angestelt. Später entfernte man die Verkleidung. Danach fuhr sie noch bis 1918 im Schnellzugdienst.

Eine weitere war die Gattung T 16 der KED Erfurt, die leistungsfähigste Heißdampf-Vierzylinder-Verbund-Schnellzuglokomotive für Gebirgsbahnen, mit der Betriebs-Nr. 1980, Achsanordnung 2'C2', 1904 gebaut von Henschel, Kassel, unter der Leitung von Kuhn. Ihre Konstruktion stellte damals ein Novum dar. In ihrer Leistung brachte sie die indizierte Höchstleistung von 2100 PS. Nach dem Verwiegen war die Masse gegenüber dem Entwurf um 14 t zu schwer. Nach ihrer Nichtabnahme blieb die Lok die meiste Zeit kalt in Erfurt stehen.

Die Bayerische Staatsbahn hatte mit ihrer S 2/6 ein besonderes Highlight. Auch sie war ein Einzelstück mit 2200 mm großen Treibrädern als 2'B2' h4v, aber immerhin erreichte sie im Juli 1907 die Geschwindigkeit von 154,5 km/h und stellte damit einen deutschen Geschwindigkeitsrekord auf. Sie war wohl eine der schönsten, die jemals in Deutschland liefen. Später kam sie in den Plandienst der Bayerischen Staatsbahn, hauptsächlich bei der Pfalzbahn, wo sie bis 1914 verblieb. Heute befindet sie sich im Verkehrsmuseum Nürnberg.

Anfang der 30er Jahre des letzten Jahrhunderts unternahm die Deutsche Reichsbahn-Gesellschaft große Anstrengungen, die Fahrpläne zu verkürzen. Ab Mai 1934 konnten auf einigen Strecken Geschwindigkeiten unter Einhaltung der angespannten Fahrpläne bis zu 120 km/h gefahren werden. Für Streckengeschwindigkeiten von 120 km/h war nach dem damaligen Stand der Technik die Bremstechnik von Lok bespannten Zügen ein Vorsignalabstand von 1000 m, bei 140 km/h einer von 1200 m erforderlich.

Am 15. Mai 1933 hat die Deutsche Reichsbahn mit dem Fliegenden Hamburger den planmäßigen Schnellverkehr zwischen Berlin und Hamburg aufgenommen. Dieser dieselelektrische Schnelltriebwagen fuhr die Strecke mit 150 km/h, konnte jedoch bei Verspätungen auf 160 km/h gesteigert werden. Nach der Beseitigung von Kinderkrankheiten gelang es, den Triebwagen betriebstüchtig zu entwickeln.

Selbst die Sächsische Staatsbahn ließ die Schnellzug-Gattung XII H in moderner Windschnittigkeit ausführen

Mit dem Erfolg der damaligen Triebwagenzüge konnte man auf die Dampflokomotiven auch im Schnellverkehr nicht verzichten. Sie waren nach wie vor das gegebene Zugmittel für schwere D-Züge mit ihren mannigfaltigen Wagen und ließen sich daher bei schwankenden Verkehrsanforderungen besser anpassen.

Der Wunsch nach einer schnell fahrenden Dampflokomotive entstand bei der Deutschen Reichsbahn bereits im Jahre 1932. Ursprünglich dachte man an eine Versuchslokomotive zum Erproben von Schnellzugwagen bei höherer Fahrgeschwindigkeit, stellte auch die Forderung für eine Lokomotive für den planmäßigen Schnellzugbetrieb.

Die preußische Dreizylinder-Verbund-Schnellbahnlokomotive, Gattung S 9, der KED Altona, Nr. 561, auch "Möbelwagen" genannt

Man dachte an Höchstgeschwindigkeiten von 150 km/h, die man 1931/32 mit dem "fliegenden" Schnelltriebwagen erreicht hat.

Mit der konstruktiven Entwicklung und dem Bau von 2 neuen Lokomotivtypen wurde schließlich auf Grund der von ihnen geleisteten Vorarbeiten die Borsig-Lokomotiv-Werke beauftragt. Die von der Firma vertretene Forderung nach möglichst vollkommener Stromlinienform – der, wie gesagt, damals auch andere Auffassungen gegenüber standen – hat sich später als richtig erwiesen.

Am 6. März 1935 stellte die Deutsche Reichsbahn "Die schnellste Lokomotive der Welt" vor, die Stromlinienlokomotive der Baureihe 05. Ein gutes Jahr später erreichte die 05 002 bei einer Vorstellungsfahrt die sagenhafte Geschwindigkeit von 200,4 km/h mit 200 t Zugmasse. Zwei Jahre später erreichte die englische "Mallard" ein Tempo von 126 Meilen pro Stunde, das sind 202,8 km/h. Diese Rekordfahrt der 05 erregte damals in der Welt gewaltiges Aufsehen. Die 05 war eine 2'C2' h3-Lokomotivbauart. Gebaut wurden zwei Exemplare. Die beiden Lokomotiven der Baureihe 05 haben nach dem Krieg nach Entfernen der Stromschale ihren Dienst versehen und wurden 1958 ausgemustert. Die 05 001 kam in das Verkehrsmuseum Nürnberg und wurde in den Zustand von 1935 versetzt.

Borsig baute 1937 noch eine Schnellfahrlokomotive mit Kohlenstaubfeuerung mit vorn liegendem Führerstand, als 05 003. Die Schwierigkeiten mit der Feuerung ließen ihre Vorzüge nicht voll zur Entfaltung kommen. Beim Transport des Kohlenstaubes führte aufgrund der damaligen Konstruktion immer wieder zu Ausfällen, denn die Technik war noch nicht so weit. Die 05 003 wurde 1945 in eine normale, rostgefeuerte Lokomotive umgebaut, wobei die Stromschale entfernt wurde. Als Einzellokomotive stand sie bis 1958 im Dienst der Deutschen Bundesbahn. Durch den Weltkrieg war eine Weiterentwicklung der Baureihe 05, dieses erfolgreichen Typs, unmöglich.

Ebenfalls im Jahre 1935 lieferte Henschel, Kassel, eine 2'C2' h2 Schnellfahr-Tenderlokomotive für einen besonders zu diesem Zweck geschaffenen Zug, den Henschel-Wegmann-Zug, ab. Diese wies ebenfalls Stromlinienverkleidung auf und hatte einen "violettsilbernen" Anstrich erhalten. Der Treibraddurchmesser betrug 2300 mm und sie konnte 175 km/h fahren. Allerdings war dem Zwillingstriebwerk bei diesen hohen Drehzahlen Grenzen gesetzt, bei 160 km/h lief

Die leistungsfähigste deutsche Tenderlokomotive 2'C2' h4v der Preußischen Staatsbahn, Gattung T 16, KED Erfurt, Nr. 1980

Die bayerische S 2/6-Schnellzuglokomotive 2'B2' h4v, in ihrer Zeit mit 154 km/h die schnellste

sie sehr unruhig. 1939 erhielt die 61 001 mit der 61 002 eine Schwester mit der Achsfolge 2'C2' h3, diesmal mit einem Dreizylinder-Triebwerk. Allerdings war ihr Einsatz wegen des Kriegsausbruchs sehr kurz. Nach dem Kriege wurde sie 1961 umgebaut in eine 2'C1' h3-Schlepptenderlokomotiv-Bauart als 18 201, wo sie zu Ehren kam, bis in unsere Tage.

Neben der wie bereits erwähnten Baureihe 05 stellte die Fa. Borsig auch neue, normale Lokomotiven der Baureihe 03 als 03 154 mit Triebwerksver-

2'C2' h3-Stromlinienlokomotive, Baureihe 05 001, Baujahr 1935

2'C2' h3-Stromlinienlokomotive, Baureihe 05 001, mit geöffneten Triebwerkjalousien

kleidung her, die durch Rollvorhänge und Klappen des Triebwerks zugänglich waren. Gleichzeitig erhielt die Lokomotive eine parabolische Rauchkammertür und eine windschnittiges Führerhaus, um auch den bereits im Windkanal erprobten Einfluss dieser Erkenntnisse praktisch beobachten zu können. Nach eingehenden Versuchsfahrten bei Geschwindigkeiten von 150 km/h machte man die Feststellung, dass die Triebwerksschürzen eine nur mäßige und ungefährliche Erhöhung der Lagertemperaturen herbeiführte. Zum anderen wurde ein beachtlicher Gewinn an Zugbackenleistung gemessen, was auch in der Verkleidung der besonders gut isolierten Dampfzylinder seine Ursache hatte.

Nachdem die Lokomotive ihre Versuchszwecke erfüllt hatte, erhielt sie unter teilweiser Beibehaltung der vorgenommenen Änderungen ein gefälligeres Aussehen, wie das Bild zeigt.

Noch bevor die 05-Lokomotive zur Ablieferung kam, veranlasste die Deutsche Reichsbahn eine 03-Serienlokomotive mit 2000 mm Treibraddurchmesser mit einer zusätzlichen, ähnlichen Stromlinienverkleidung auszurüsten, da diese Lokomotive eine vorzügliche Vergleichsmöglichkeit mit einer unverkleideten Ausführung bot, die mit der 05-Lokomotive nicht gegeben war. Die Lokomotive 03 193, ebenfalls von Borsig gebaut und 1935 abgeliefert, fuhr mit den 05-Lokomotiven auf der Strecke Berlin – Hamburg im

Die 05 002 mit einem Schnellzug

Betrieb. Die Versuchsergebnisse mit den 03- und 05-Lokomotiven waren außerordentlich interessant und lehrreich. Im einjährigen Versuchsbetrieb verbrauchte die Stromlinienlokomotive 03 193, auf den Lokomotivkilometer bezogen, 15,2% weniger Kohle, als die gleiche unverkleidete 03-Lokomotive. Die Höchstgeschwindigkeit wurde auf 140 km/h beschränkt.

Mit den Erfahrungen der Stromlinienverkleidung für hohe Fahrgeschwindigkeiten durch Versuchs- und Messfahrten sowie den praktischen Erfahrungen mit den verschiedenen Lokomotiv-Gattungen und dem mehrjährigen planmäßigen Betrieb und deren Wirtschaftlichkeit mit Sicherheit eines solchen Schnellbetriebes, konnte an die Beschaffung größerer Stückzahlen derartiger Lokomotiven gegangen werden. Es entstand ein umfangreiches Neubeschaffungsprogramm mit großen Stückzahlen für Stromlinien-Lokomotiven. So gab es eine Großbeschaffung der 2C1-Lokomotiven der Baureihe 01 und 03 als Stromlinienlokomotiven mit Drillingstriebwerk. (Die normalen Lokomotiven dieser Gattungen waren Zwillingslokomotiven.) Sie hatten einen Treibraddurchmesser von 2000 mm und konnten 150 km/h leicht erreichen. Dabei erhielten diese Lokomotiven die Baureihen-Nummern 01^{10} und 03^{10} zugeteilt.

Zur Beschaffung kamen von 1939 bis 1940 von vorgesehenen 250 Stück 55 Lokomotiven der Baureihe 01^{10}, alle geliefert von der Fa. Schwartzkopff. Von der Baureihe 03^{10} wurden von 1939 bis 1941 von vorgesehenen 140 Stück 60 Lokomotiven von Schwartzkopff, Krupp und Krauss-Maffei geliefert. Zu weiteren bestellten Lieferungen kam es durch den Zweiten Weltkrieg nicht mehr.

Nach dem Krieg wurde die Stromlinienverkleidung bei beiden Baureihen nacheinander entfernt. Von der Baureihe 01 verblieben alle im Westen und wurden nach 1953 umgebaut und mit neuen Hochleistungskesseln versehen. Bei der Baureihe 03 war der Verlust erheblich, so überlebten nur 45 den Zweiten Weltkrieg. Davon verblieben 29 bei der Deutschen Bundesbahn, 26 bei der Deutschen Reichsbahn in Mitteldeutschland und etliche in Polen. Die erhalten gebliebenen erfuhren 03 ebenfalls eine Rekonstruktion, doch nach 1966 erfolgte die Ausmusterung. Von den 01^{10}-Lokomotiven sind 10 als Denkmals- bzw. Museumslokomotiven noch vorhanden, von denen die 01 1102 1996 als Stromlinienlokomotive rekonstruiert wurde. Bei den

Einachsen der 2300 mm großen Kuppelachsen der 05-Lokomotive

03^{10} sind es nur 3 Stück, davon ist eine noch betriebsfähig, ohne Stromschale.

Bei der Lübeck-Büchener Eisenbahn kamen 1936/37 für die Strecke Hamburg – Lübeck drei 1'B1' h2 Stromlinienlokomotiven in Betrieb, die mit Doppelstockwagen fuhren. Auf dem Zielbahnhof brauchten die Lokomotiven nicht umgesetzt werden, denn sie schoben den Zug zurück, eine Neuerung, die damals bahnbrechend Gewicht hatte. Wegen ihres gedrungenen Aussehens erhielten die Lokomotiven den Namen "Micky-Maus-Lokomotive". Nach der Verstaatlichung erhielten die Loks die Baureihe 60 zugeordnet.

Die Fa. Krupp lieferte 1938 die größte deutsche Stromlinienlokomotive als Baureihe 06, eine 2'D2' h3, die auch die schwerste und leistungsfähigste Schnellzuglokomotive ihrer Zeit war. Durch ihre Größe war sie eine "Mammut"-Lokomotive. Es zeigte sich jedoch bald, dass für solche Kolosse, von denen nur zwei Stück gebaut wurden, kein Bedarf vorhanden war. Aufgetreten sind im Laufe der Jahre immer wieder Kesselschäden. Während des Krieges wurden beide beschädigt und nach dem Krieg 1945 ausgemustert und verschrottet.

Die ersten Borsig-Stromlinienlokomotiven vor der Ausfahrt, von links 05 001, 05 002 und 03 193

Die Kohlenstaub gefeuerte 2'C2' h3-Schnellzuglokomotive, Baureihe 05 003, Baujahr 1937

2'C2' h3-Schnellzuglokomotive 05 001, Heizerseite

2'C2' h3-Schnellzuglokomotive 05 001 nach Entfernung der Stromlinienverkleidung, Führerseite

Die 05 003 nach Umbau in Normalausführung im Jahre 1944

Schnellfahr-Tenderlokomotive 2'C2' h2, Baureihe 61 001, Führerseite

Schnellfahr-Tenderlokomotive 2'C2' h2, Baureihe 61 001, Heizerseite

Als letzte Stromlinienlokomotiv-Bauart kam 1941 die Schnellfahrlokomotive mit Einzelachsantrieb, die Baureihe 19 1001, gebaut von Henschel in Kassel. Mit ihr wurde ein kühner Vorstoß ins Neuland gewagt, der noch anzuerkennen ist. Nach anfänglichen technischen Problemen wurde sie von den Erbauern in betriebsfähigen Zustand gebracht. Die Vorteile des Einzelachsantriebs von elektrischen Lokomotiven sind bekannt: Verkleinerung der Raddurchmesser, Fortfall der Kuppelstangen mit ihren Nachteilen, Verkürzung des Achsstandes, wodurch eine bessere Kurvenläufigkeit erzielt wird. Bei einer Versuchsfahrt wurden 180 km/h erreicht. Größere Versuche konnten wegen des Krieges nicht unternommen werden. Eingesetzt wurde sie im Plandienst und versah dort mit guten Leistungen

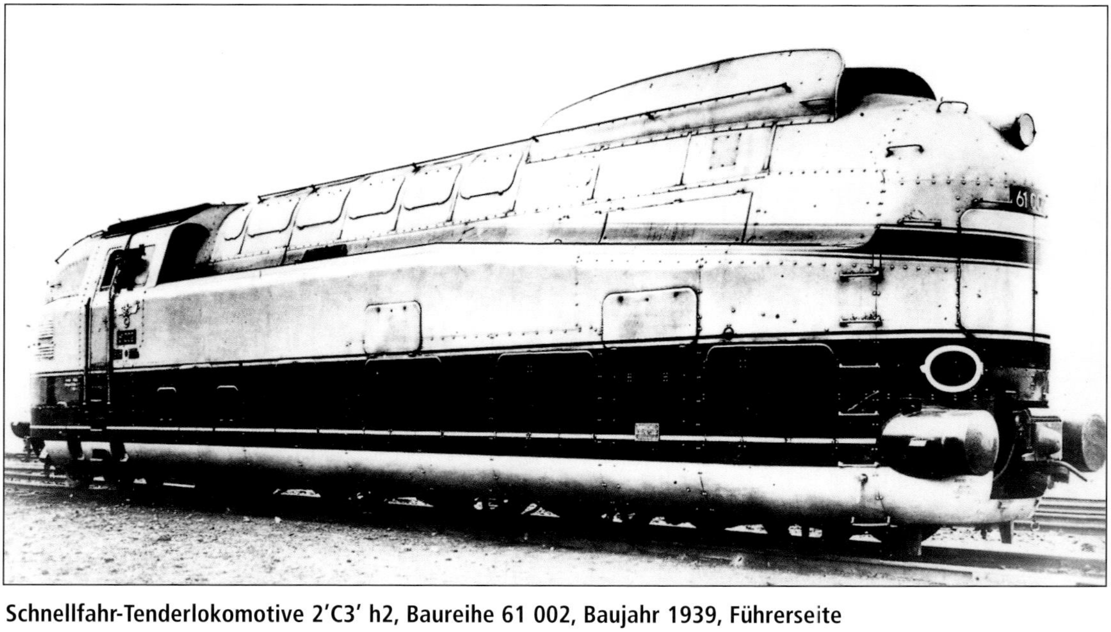

Schnellfahr-Tenderlokomotive 2'C3' h2, Baureihe 61 002, Baujahr 1939, Führerseite

Schnellfahr-Tenderlokomotive 61 002, Heizerseite

ihren Dienst. Im Jahr 1944 wurde sie durch Bomben beschädigt. Nach dem krieg kam sie in die Hände der US-Truppen, die sie 1946 in Stand setzen ließen und nach Amerika überführen ließen. Dort wurde sie jedoch nicht mehr eingesetzt, aber auf mehreren Ausstellungen gezeigt. Nach 1950 wurde sie verschrottet. Die Bundesbahn ließ nach dem Krieg eine neu entwickelte Schnellzuglokomotive der Baureihe 10 bauen. Als 2'C2' h3-Bauart erhielt sie ein Dreizylindertriebwerk mit 2000 mm großen Treib- und Kuppelachsen, weil sie zur Bedienung des Fernverkehrs noch etwas leistungsfähiger als die 01^{10} ausgelegt wurde. Der Strukturwandel in der Zugförderung brachte es allerdings mit sich, dass nur zwei Lokomotiven von der Fa. Krupp gebaut wurden. Bei der Entwicklung wurde zu Grunde gelegt, dass

Die 61 001, spätere 18 201, im Jahre 1989, mit dem Henschel-Wegmann-Zug unterwegs

Nochmals der Henschel-Wegmann-Zug in voller Fahrt mit einer Lok Baureihe 61

sie den für die 01^{10} gebauten Ersatzkessel erhielt, mit dem Unterschied, dass der Langkessel um 500 mm nach vorne verlängert wurde. Außer der Kohlenfeuerung erhielt die 10 001 eine Ölzusatzfeuerung, die 10 002 bekam nur Ölhauptfeuerung. Zur Verringerung des Luftwiderstandes und zum Schutz der Zylindergruppe wurden die Lokomotiven teilweise verkleidet. Nach Zylinderschäden wurden Ende 1967 bzw. Anfang 1968 beide Lokomotiven abgestellt. Die 10 001 befindet sich im Dampflokmuseum Neuenmarkt-Wirsberg. Die Entwicklung der Stromlinienlokomotive war die Lösung einer ganzen Anzahl von Einzelproblemen, die zum Teil völliges Neuland darstellten. Es ist hiernach nicht verwunderlich, dass die Entwicklung nur schrittweise voranging und eine Anzahl von Jahren erfordert hat.

Die 1'B1' h2-Stromlinienlokomotive Nr. 2 der Lübeck-Büchener Eisenbahn, Baujahr 1936/37, Führerseite, spätere 60 002

Die Lübeck-Büchener 1'B1' h2-Stromlinienlokomotive Nr. 1 von der Heizerseite, spätere 60 001

Doppeldeckzug der Lübeck-Büchener Eisenbahn mit 1'B1' h2-Schnellzug-Tenderlokomotive der Baureihe 60

2'C1' h2-Schnellzuglokomotive 03 154 mit Teilverkleidung des Laufwerks und parabolischer Rauchkammer, Baujahr 1935

Die 2'C1' h2-Schnellzuglokomotive 03 154 nach Änderung der Teilverkleidung

Die erste 2'C1' h2-Schnellzuglokomotive der Baureihe 03 als 03 193, Baujahr 1935, in vollständiger Stromlinienverkleidung

Die Schnellzuglokomotive 03 193, schräg von hinten

Schnellzuglokomotive 2'C1' h3, Baureihe 01 1089, 1940 in Dresden

Schnellzuglokomotive 2'C1' h3, Baureihe 01 1062, mit teilweise freigelegtem Triebwerk, 1942 im Bw Berlin-Ahb

Schnellzuglokomotive 2'C1' h3, Baureihe 01 1056, mit freigelegtem Triebwerk, 1944

Die 01 1073 nach entfernter Stromlinienverkleidung, mit angeschnittener Rauchkammertür und "Knubbelvorwärmer"

Die Wiederrekonstruierte 01 1102 in ihrem Stromlinienkleid mit 01 519, ausfahrend in Esslingen

2'C1' h3-Schnellzuglokomotive, Baureihe 03, 03 1081, in vollständiger Verkleidung, Baujahr 1939, Führerseite

Die 2'C1' h3-Schnellzuglokomotive 03 1081 von der Heizerseite aus

2'C1' h3-Schnellzuglokomotive, Baureihe 03 1020, mit hochgezogenen Triebwerksschürzen

2'D2' h3-Schnellzuglokomotive, Baureihe 06 001, Baujahr 1939, Heizerseite

2'D2' h3-Schnellzuglokomotive, Baureihe 06 001, Führerseite, auch "Mammut"-Lokomotive genannt

1'Do1' h8-Versuchslokomotive, Baureihe 19 1001, Baujahr 1942, Führerseite

1'Do1' h8-Versuchslokomotive 19 1001, Heizerseite

„Zur Jahrhundertfeier 1835-1935 der Deutschen Eisenbahn mit Lok 05 001", Freimarke mit 40 Pfennig

2'C1' h3-Schnellzuglokomotive, Baureihe 10 002, Baujahr 1957, Heizerseite

Hauptabmessungen von Stromlinien-Dampfloks

Baureihe		01^{10}	03^{10}	05	06	10	19	61 001	61 002	60 (LBE)
Baujahr		1939	1939	1935	1938	1957	1941	1935	1938	1936/37
Bauart		2'C1'h3	2'C1'h3	2'C2h3	2'D2'h3	2'C1'h3	1'Do1'	2'C2'h	2'C3'h3	1'B1'h2
Fahrgeschwindigkeit vw/rw	km/h	140/50	140/50	175/50	140/50	140/90	175	175	175	120
Zylinderdurchmesser	mm	3x500	3x470	3x450	3x520	3x480	8x300	460	3x390	660
Kolbenhub	mm	660	660	660	720	720	300	750	660	400
Treib-Kuppelraddurchm.	mm	2000	2000	2300	2000	2000	1250	2300	2300	1980
Laufraddurchmesser vorn	mm	1000	1000	1100	1000	1000	1100	1100	1100	1000
Laufraddurchmesser hinten	mm	1250	1250	1100	1000	1000	1250	1100	1100	1000
Kesselüberdruck	kg/cm^2	16	16	20	20	18	20	20*	20*	16
Dampfraum Kessel	m^3	4,80	4,28	3,8	5,7	5,78	4,5	2,7	2,7	
Kesselnenndurchmesser	mm	2000	1716/18	1900	2000	2000	1900	1600	1600	
Anzahl Heizrohre		119	80	137	72	109	128	88	80	81
Anzahl Rauchrohre		44	42	35	33	44	43	33	35	24
Rohrlänge zw. d. Rohrwänden	mm	5000	5200	5500	7500	5500	5800	5000	5000	3800
Rostfläche	m^2	3,96	3,87	4,4	5,04	-	4,55	2,75	2,8	1,4
Verdampfungsheizfläche	m^2	206,51	177,54	226,52	289	216,40	240	151,9	149,82	75,36
Überhitzerheizfläche	m^2	96,15	95,77	81,90	132,5	105,7	100	69,7	73,4	26,0
fester Achsstand	m	4600	4500	5100	6750	4600	3300	5100	5100	3000
gesamter Achsstand	m	12 400	12 000	13 900	14 525	12 525	11 290	14 350	15 025	8750
gesamter Achsstand v. L+T	m	20 370	20 225	22 075	22 450	22 185	19 385	-	-	-
Länge über Puffer	m	24 130	23 905	26 265	26 520	26 503	23 775	18 475	18 625	12 380
Lokleergewicht	t	99,6	93,2	118,5	129,80	108,9	99,46	100,5	112,0	52,5
Lokreibungsgewicht	t	61	56,8	57,5	80,0	65,6	75,81	56	55,5	36,5
Fahrzeuggesamtgewicht L+T	t	192,0	178,4	217,2	223,15	201,6	101,8	129,1	146,3	
Vorräte Wasser	m^3	38	38	37	38	40	37,25	17	21	9,25/11
Vorräte Kohle	t	10	10	10	10	12,5	10,5	5	6	3,5
Indizierte Leistung	PS	R2350	R1870	V2360	V2800	R2500	R1700	V1450	V1450	
Indizierte Zugkraft	kg	15 840	14 000	13 950	23 360	17 000	17 280	11 040 0	10 840	
Vorwärmer		MV	MV	OV	OV	MV	OV	OV	OV	

* später auf 16 kg/cm^2 herabgesetzt MV = Mischvorwärmer OV = Oberflächenvorwärmer

Dampfzüge im Erzgebirge

Reichhaltiges Angebot in Museen und im Streckenbetrieb

Typisch für das Erzgebirge: Schwibbögen (=schwebender Bogen, Gewölbe zwischen Strebepfeilern) aus Metall oder Holz gearbeitet

von Klaus-Uwe Hölscher

Das Erzgebirge liegt im südlichen Teil des Bundeslandes Sachsen. Im Westen schließt sich das Vogtland um Plauen an und im Osten das Elbsandsteingebirge und die Sächsische Schweiz bei Dresden. Die Grenze zu Tschechien verläuft im Süden. Aus dem Industriegebiet um Chemnitz steigt das Erzgebirge nur allmählich an und gewinnt mit dem 1214 m hohen Fichtelgebirge bei Oberwiesenthal seine höchste Erhebung. Dieser Ort war bereits zu DDR-Zeiten ein Wintersportzentrum.

Nussknacker und Pyramide als Beispiele für Holzschnitzkunst im Erzgebirge

Das Erzgebirge, heute ein beliebtes Ziel für Touristen, war früher geprägt durch eine große Anzahl von Bergwerken, in denen seit dem Mittelalter Silber, Zinn, Kobalt und schließlich Uran abgebaut wurden. Später wurde aus dem Holz der Wälder Kinderspielzeug geschnitzt. Nussknacker, Räuchermännchen und Weihnachtspyramiden sind heimische Erzeugnisse, die weithin bekannt sind. Aber auch die Freunde historischer Dampftechnik kommen im Erzgebirge auf ihre Kosten, da dort noch einige Dampfzüge verkehren und Dampfloks in Eisenbahnmuseen zu besichtigen sind.

Gefährliche „Dampfrösser"

Vor mehr als hundert Jahren gab es noch keinen elektrischen Strom, man verreiste – wenn überhaupt – nur mit Postkutschen und transportierte Güter mühsam mit Pferdefuhrwerken. Auch von einem Automobil hatte kaum jemand eine Vorstellung. Vor „Dampfrössern", die sich mittels Rädern auf Schienen fortbewegten, wurde anfangs heftig gewarnt, da sie angeblich die Gesundheit der Benutzer und Anlieger gefährdeten.

Die in der ersten Hälfte des 19. Jahrhunderts einsetzende Industrialisierung verlangte jedoch nach einem Verkehrsmittel, mit dem Rohstoffe, Fertigwaren und Arbeitskräfte schneller und billiger transportiert werden konnten. So wurden zahlreiche staatliche und private Eisenbahngesellschaften gegründet, die den Bau der „stählernen Straßen" übernahmen und Tausenden Arbeitern Lohn und Brot gaben. Ebenso bescherten die Lokomotiv- und Waggonbauer der jungen Metallindustrie lukrative Aufträge. Hand in Hand mit dem Eisenbahnbau ging die Entwicklung der Nachrichten- und Signaltechnik voran.

Probleme in Gebirgsregionen

Nach 1850 war in Mitteldeutschland bereits ein dichtes und gut funktionierendes Normalspur-Eisenbahnnetz aufgebaut, doch die Ausdehnung des Verkehrs auf die Gebirgsregionen bereitete große Probleme. So legte im Jahre 1879 die Sächsische Staatsregierung fest, dass solche Nebenlinien, „die nur bestimmt sind, neue Landesteile aufzuschließen und mit dem bestehenden Bahnnetz zu verbinden, somit nur als Zuführungsstraßen für die Hauptbahn zu dienen haben", mit einer Spurweite von 750 mm zu bauen seien. Im Jahre 1881 wurde die erste sächsische Schmalspurstrecke von Wilkau nach Kirchberg eröffnet.

Innerhalb weniger Jahre wurden vom Vogtland in Westsachsen bis nach Zittau in Ostsachsen eine ganze Reihe von Schmalspurbahnen mit 750 mm Spurweite gebaut. Um Mügeln im Vorland des Erzgebirges entstand das größte Schmalspurnetz in ganz Europa. Am 1. Juli 1889 schnaufte der erste Zug von Grünstädtel durch das Pöhlwassertal hinauf nach Rittersgrün. Damit bekam die kleine Erzgebirgsgemeinde den Anschluss an die große weite Welt, denn in Grünstädtel konnte man in die Normalspurbahn Zwickau–Annaberg umsteigen. 82 Jahre lang dampfte das „Pöhler Bussel", wie die Bahn liebevoll von den Anwohnern genannt wurde, durch das Tal. Am 26. September 1971 kam das Aus für das vertraute Verkehrsmittel.

Schmalspurbahn-Museum Rittersgrün

Nach der Einstellung der Bahn suchten die Rittersgrüner Eisenbahnfreunde nach Sachzeugen aus der Geschichte der Schmalspurbahnen und wurden auch fündig. 1977 wurde dann auf dem Gelände des ehemaligen Endbahnhofes Oberrittersgrün das erste Eisenbahnmuseum Ostdeutschlands eingeweiht. In den Jahren des Museumsbetriebes konnte, von der Gemeinde und privaten Spendern unterstützt, das Museumsgelände und der Wagenpark ständig erweitert werden. Dem Fleiß und der Einsatzbereit-

Schmiedewerkstatt im Lokschuppen des Schmalspurbahn-Museums Rittersgrün

Dampflok Nr. 99 1759-2 im Schmalspurbahn-Museum Rittersgrün

Dampflok Nr. 99 1759-2
im Schmalspurbahn-Museum
Rittersgrün

Dampfloks im Schmalspurbahn-
Museum Rittersgrün

Historischer Waggon
„Kaiserliche Post" im
Schmalspurbahn-Museum
Rittersgrün

Im Lokschuppen des ehemaligen Bahnbetriebswerkes Schwarzenberg haben Eisenbahnfreunde ein Museum eingerichtet

schaft des 1992 gegründeten Fördervereins ist es zu danken, dass die Sächsische Staatsregierung der Rittersgrüner Anlage den Namen „Sächsisches Schmalspurbahn-Museum Rittersgrün" verliehen hat. Damit wurde die Einmaligkeit der original erhaltenen Bausubstanz und der Exponate gewürdigt.

Im dreiständigen Lokschuppen mit Schmiedewerkstatt sind mehrere Schmalspurdampfloks ausgestellt, darunter die 99 15 79-4. In der oberen Etage befindet sich eine große Modellbahnanlage. Zum reichhaltigen Fundus an historischen Personen- und Güterwaggons gehört ein Bahnwagen „Kaiserliche Post", der besonders sehenswert ist. Für das leibliche Wohl der Besucher sorgt der „Museumskeller" im Stationsgebäude des Sächsischen Schmalspurbahn-Museums e. V. in Rittersgrün.

Dampfloks im Eisenbahnmuseum Schwarzenberg

Dampflok im Lokschuppen des Vereins Sächsischer Eisenbahnfreunde e. V. in Schwarzenberg

Normalspur in Schwarzenberg

Der Ort Schwarzenberg liegt an der Bundesbahn-Hauptstrecke Zwickau–Aue–Johanngeorgenstadt–Karlovy Vary (früher Karlsbad) in Tschechien. Im ehemaligen Bahnbetriebswerk ist auf Initiative des Vereins Sächsischer Eisenbahnfreunde e. V. ein Eisenbahnmuseum eingerichtet. Im großen Lokschuppen sind Dampf-, Speicher- und Dieselloks sowie Draisinen ausgestellt. Besonders reichhaltig ist der Bestand an Dampfloks.

Obwohl das Museum eigentlich schon geschlossen war, zeigte ein Mitarbeiter dem Verfasser dieses Berichts die eindrucksvollen Exponate. Insgesamt sechs Dampfveteranen können besichtigt werden: Nr. 75 501, Nr. 52 81 83-7, Nr. 58 30 49-2, Nr. 86 10 49-5, Nr. 94 21 05-8 und Nr. 50 36 16-5. Letztere Dampflok ist das einzige noch betriebsfähige Exemplar und verdient daher wohl die meiste Aufmerksamkeit. Sie wurde mit der Fabriknummer 3415 im Jahre 1940 von der Firma F. Schichau GmbH in Elbing (heute Elblag in Polen) gebaut und 1960 im Reichsbahn-Ausbesserungswerk Stendal rekonstruiert. Bis 1988 stand sie im regulären Dienst, wurde 1993 von den Schwarzenberger Eisenbahnfreunden erworben und steht seitdem für Dampfzug-Sonderfahrten im Erzgebirge und nach Tschechien bereit. Außerdem werden sechs betriebsfähige Dieselloks und mehrere Reisezug- und Güterwagen vorgehalten.

Die Sonne wirft Licht auf ein Drehgestell eines Dampflok-Tenders im Eisenbahnmuseum Schwarzenberg

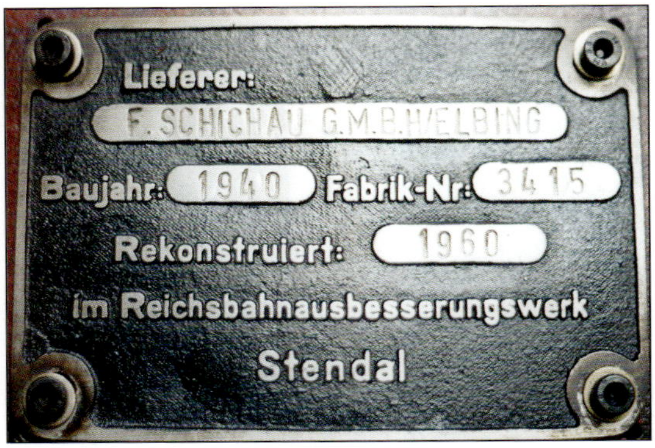

Noch betriebsfähige Dampflok Nr. 50 3616-5 und dazugehörendes Fabrikschild im Eisenbahnmuseum Schwarzenberg

Fichtelberg-Bahn

Nicht nur bei besonderen Anlässen, sondern fahrplanmäßig und im täglichen Regelzugbetrieb verkehrt im südlichen Erzgebirge die Fichtelberg-Bahn zwischen dem Kurort Oberwiesenthal und Cranzahl bei Annaberg-Buchholz. Bereits um 1870 gab es erste Überlegungen zum Bau einer Bahn nach Oberwiesenthal, 1896 war Baubeginn und bereits ein Jahr später fand die offizielle Eröffnungsfahrt statt. 1936 waren die Gleisanlagen in ihrer heutigen Form fertig gestellt. Nach Schließung mehrerer Gütertarifpunkte in den Sechzigerjahren wurde 1992 der Güterverkehr insgesamt eingestellt. Ab 1998 wurde die BVO-Bahn (Busverkehr Obererzgebirge) Betreiber der Fichtelberg-Bahn. 2002/2003 erfolgte der Lokschuppen-Neubau in Oberwiesenthal. Seitdem stehen der Fichtelberg-Bahn moderne Werkstätten für die Lok- und Wageninstandhaltung zur Verfügung.

Die Schmalspurstrecke (750 mm Spurweite) von Oberwiesenthal nach Cranzahl umfasst 17,35 km. Der Höhenunterschied beträgt 235 m. Neun Bahnhöfe beziehungsweise Haltepunkte liegen an der Strecke. Sechs Brücken werden überquert, davon ein Stahlgitter-Viadukt mit 110 m Länge und 23 m Höhe. Zum umfangreichen Wagenpark der Fichtelberg-Bahn gehören 30 Reisezug- und Gepäckwagen, zwei Büfettwagen und einige historische Schmalspur-Güterwagen (Hersteller: Waggonfabrik Bautzen und Waggonfabrik Werdau, Baujahre: 1913 bis 1932). Rekonstruiert beziehungsweise aufgearbeitet wurden die Wagen zwischen 1978 und 1982 im RAW Wittenberge und seit 2000 in der BVO-Nutzfahrzeug- und Schienenfahrzeug-Instandsetzung in Marienberg.

Die Fichtelberg-Bahn unterhält fünf betriebsfähige Dampfloks. Sie wurden von 1952 bis 1956 von der Lokomotivbau „Karl Marx" Babelsberg hergestellt (Typ 1 E 1). Ihre Leistung beträgt 600 PS, Höchstgeschwindigkeit 30 km/h, Höchstlast 135 t auf der Strecke von Cranzahl nach Oberwiesenthal. Dafür braucht eine Dampflok mit vier Personen- und einem Gepäckwagen ungefähr 10 Zentner Kohle und 2 m^3 Wasser. Die Loks wiegen jeweils 51,9 t und können bis zu 5,8 m^3 Wasser und 3,6 t Kohle mitführen. Sie werden ausschließlich mit Steinkohle gefeuert. Beim

Lok 99 786 und ihr Führer sind fertig zur Abfahrt nach Cranzahl

Wasserbunkern in Oberwiesenthal vor der Abfahrt nach Cranzahl

Bahnhof der Fichtelberg-Bahn Kurort Oberwiesenthal in 892 m Höhe. Daher herrscht hier oft Nebel

Ankunft der Lok Nr. 99 786 im Bahnhof Oberwiesenthal an einem nebligen Herbsttag

Wasserbunkern vor dem modernen Betriebsgebäude der Fichtelberg-Bahn in Oberwiesenthal

Einfahrt der Fichtelberg-Bahn an einem schönen Herbsttag in den Bahnhof Oberwiesenthal

Fertig zur Abfahrt nach Oberwiesenthal: Lok Nr. 99 794 im Bahnhof Cranzahl

Vor dem Lokschuppen im Bahnhof Oberwiesenthal: Lok Nr. 99 794 nimmt Wasser auf

Loks 99 785 und 99 772 im Lokschuppen der Fichtelberg-Bahn in Oberwiesenthal

Moderne Betriebswerkstatt der Fichtelberg-Bahn in Oberwiesenthal für Wartungs- und Instandsetzungsarbeiten

Wasserbunkern am Lokschuppen in Oberwiesenthal werden sie mit Hochdruckreinigern abgespritzt und machen somit einen sehr gepflegten Eindruck.

Der Bahnhof „Kurort Oberwiesenthal" liegt 892,7 m hoch und der bekannte Erholungs- und Skisportort gilt als höchstgelegene Stadt Deutschlands. Benannt ist die Schmalspurbahn nach dem Fichtelberg, der mit 1214 m die höchste Erhebung im Erzgebirge ist und damit den 1141 m hohen Brocken im Harz um 73 m übertrifft. Jedoch verkehrt die Harzquerbahn mit Dampf- und Dieselloks planmäßig im Regelzugverkehr bis zum Brockenbahnhof hinauf. Den Fichtelberg oberhalb von Oberwiesenthal kann man jedoch per Schwebebahn, Sessellift oder Pkw und Omnibus bequem erreichen.

Büfettwagen der Fichtelberg-Bahn für eine gemütliche Fahrt von Oberwiesenthal nach Cranzahl und zurück

Preßnitztalbahn

Eine weitere Schmalspur-Eisenbahnstrecke im Erzgebirge wird von der Preßnitztalbahn bedient. Sie verkehrt per Dampf- beziehungsweise Dieselbetrieb von Jöhstadt über Schmalzgrube nach Steinbach durch die Täler der Preßnitz und des Schwarzwassers. 1984 stellte die Deutsche Reichsbahn wegen fehlender Rentabilität den Reiseverkehr auf der damals noch 23 km langen Strecke von Wolkenstein nach Jöhstadt ein. Schienen und fast alle Brücken wurden entfernt, so dass bald nichts mehr an die ehemalige Preßnitztalbahn erinnerte.

Ab Frühjahr 1990 jedoch begannen einige Idealisten in ihrer Freizeit von Jöhstadt aus die Bahn Schritt für Schritt wieder aufzubauen. Im Laufe von zehn Jahren gelang es der Interessengemeinschaft Preßnitztalbahn e. V. 8 km Gleise von Jöhstadt aus nach Steinbach auf der alten Trasse neu zu verlegen. Sämtliche Fahrzeuge mussten Stück für Stück von der Deutschen Reichsbahn erworben und wieder aufgearbeitet und betriebsfähig gemacht werden.

Zum derzeitigen Fahrzeugbestand gehören drei betriebsfähige Dampflokomotiven, Nr. 99 15 42-2, Nr. 99 5 68-7, Nr. 99 15 90-1 (Baujahre: 1899, 1910 und 1913, Hersteller: SMF Chemnitz), und zwei Dieselloks, Nr. 199 007-6, Nr. 199 909-2 (Baujahre: 1957 und 1964, Hersteller: LKM Babelsberg). Die drei Dampfloks gehören zur ehemaligen Gattung IV K der Königlich Sächsischen Staatseisenbahn. Sie besitzen zwei durch einen Brückenrahmen verbundene Drehgestelle mit jeweils zwei gekuppelten Radsätzen. Das Triebwerk ist ein Vierzylinder-Nassdampf-Verbundtriebwerk, wobei das hintere Drehgestell den Hoch-

Die fünf betriebsfähigen Dampfloks der Fichtelberg-Bahn wurden von 1952 bis 1956 von der VEB Lokomotivbau „Karl Marx" Babelsberg gebaut

Fabrikschild an der Dampflok Nr. 99 794

Diesellok, Dampflok und Personenwagen der Preßnitztalbahn in Jöhstadt vor dem Lokschuppen

Die älteste Dampflok der Preßnitztalbahn wurde 1899 von der Firma SMF Chemnitz gebaut

Dampflok Nr. 99 1590-1 (links) der Preßnitztalbahn in Jöhstadt wurde 1913 und Lok Nr. 99 1715-4 (rechts) 1927 von der Sächsischen Maschinenfabrik (SMF), vormals Richard Hartmann in Chemnitz gebaut

druckteil und das vordere den Niederdruckteil trägt. Die Dampfverteilung erfolgt über Flachschieber, die über außenliegende Gestänge der Bauart Heusinger gesteuert werden. Das hintere Drehgestell wurde aufgrund der besseren Durchgestaltung des Aschkastens als Außenrahmengestell ausgebildet, während das vordere einen Innenrahmen besitzt.

Ebenfalls einen Besuch wert ist das „Modellbahnland Erzgebirge" in Wiese, Ortsteil Schönfeld, direkt an der B 95 zwischen Chemnitz und Annaberg-Buchholz. Im Maßstab 1:32 wird auf 750 m^2 Fläche eine detailgetreue Nachbildung der Erzgebirgsregion mit 600 m Gleisen mit bis zu 20 Zügen und 200 Gebäuden geboten. Die Präsentation erfolgt durch die Annaberger Modellbahn GmbH & Co. KG in Annaberg-Buchholz.

An der Grenze von Erzgebirge und Vogtland verkehrt auf 4,5 km Streckenlänge zwischen Stützengrün und Schönheide die Museumsbahn Schönheide e. V. Zum Einsatz kommen die Dampfloks Nr. 99 516 und Nr. 99 582 sowie die Diesellok 199 051. Nicht mehr im Erzgebirge, aber im östlichen Teil Sachsens verkehren mit Dampfbetrieb die Weisseritztalbahn

Fabrikschild an der Lok Nr. 99 1715-4 der Preßnitztalbahn in Jöhstadt

Typschild am Wagen 970-458 Gattung KC 4. Der Wagen wurde 1932 von LHB Bautzen gebaut

Detailaufnahme der Diesellok V 100, Baujahr 1964 der Preßnitztalbahn

von Freital-Hainaberg über Dippoldiswalde bis zum Kurort Kipsdorf (26,3 km), die Lößnitzgrundbahn von Radeburg nach Radebeul (Ost) (16,55 km) und die Zittauer Bimmelbahn von Zittau zum Kurort Jonsdorf (13 km) beziehungsweise zum Kurort Oybin (12 km).

Bemerkenswert ist auch die Dresdner Parkeisenbahn. Mit einer Spurweite von 381 mm verkehren auf einem 5 km langen Rundkurs zwei Dampfloks von 1925 und eine E-Lok von 1962. Die Fahrgäste genießen einen herrlichen Blick auf das barocke Palais, den Carolasee und die malerischen Beete und Anlagen des 200 ha großen Parks. Weitere Parkeisenbahnen gibt es in Leipzig (Parkeisenbahn Auensee), Chemnitz, Görlitz und in Plauen.

Fazit

Sachsen und das Erzgebirge bieten dem Eisenbahnfreund und Dampflok-Liebhaber eine Menge attraktiver Ziele. Hervorzuheben ist, dass fast überall der Besucher sehr freundlich empfangen wird und bereitwillig Informationen und Führungen erhält. Der Verfasser bedankt sich, dass er zum Teil ohne Voranmeldung – in einem Falle auch außerhalb der Öffnungszeiten – die Objekte besichtigen und fotografieren konnte. Gern wurde auch der Zutritt zu Lokschuppen und Betriebswerkstätten gestattet. Somit bilden die gastfreundlichen Dampfeisenbahn-Liebhaber mit ihren vielfältigen Angeboten eine gute Werbung für den Tourismus als wichtigen Wirtschaftsfaktor.

Adressen

■ Sächsisches Schmalspurmuseum Rittersgrün e. V.
Kirchstraße 4, 08355 Rittersgrün
Tel.: 037757 / 7440, Fax: 037757 / 88196
Internet: www.ssmo.de

■ VSE e. V. Eisenbahnmuseum Schwarzenberg
Schneeberger Straße 60, 08340 Schwarzenberg
Tel./Fax: 03774 / 760760
Internet: www.eisenbahnmuseum-schwarzenberg.de
e-Mail: vse.eisenbahnmuseum@t-online.de

■ BVO Bahn GmbH Fichtelbergbahn
Bahnhofstraße 7, 09484 Kurort Oberwiesenthal
Tel.: 037348 / 151-0, Fax: 037348 / 151-29
Internet: www.fichtelbergbahn.de
e-Mail: fichtelbergbahn@bvo.de

■ Interessengemeinschaft Preßnitztalbahn e. V.
Öffentlichkeitsarbeit/Marketing
Am Bahnhof 78, 09477 Jöhstadt
Tel.: 037343 / 8080-7, Fax: 037343 / 8080-9
Internet: www.pressnitztalbahn.de
e-Mail: verein@pressnitztalbahn.de

■ Modellbahnland Erzgebirge
Annaberger Modellbahnen GmbH & Co. KG
Alte Königswalder Straße 1, 09456 Annaberg-Buchholz
Tel.: 03733 / 50255, Fax: 03733 / 50218
Präsentation der Anlage:
09488 Wiesa, Ortsteil Schönfeld
Annaberger Straße 27a (direkt an der B 95)
Tel.: 03733 / 596357, Fax: 03733 / 596358
Internet: www.annaberger-modellbahnen.de

■ Weitere Informationen in der Broschüre:
Schmalspurbahnen in Sachsen
Landestourismusverband Sachsen e. V.
Friedrichstraße 24, 01067 Dresden
Tel.: 0351 / 491700, Fax: 0351 / 4969306
Internet: www.sachsen-tour.de
e-Mail: info@sachsen-tour.de

UBB–Eine Inselbahn im Aufwind

Statt Stillegung Netzerweiterung bei der Usedomer Bäderbahn

von Christoph Riedel

Noch vor wenigen Jahren schien die Eisenbahn auf der Ostseeinsel Usedom im Nordosten Deutschlands vor dem endgültigen Aus zu stehen. Heute wird auf 151,08 km ein attraktiver Taktverkehr mit Direktverbindungen zum Festland angeboten, der sich wachsender Beliebtheit bei den Reisenden erfreut. Bevor jedoch der erfolgreiche Weg des jungen Eisenbahnunternehmens nachgezeichnet wird, soll ein kurzer Abstecher in die Geschichte der Inselbahn erfolgen.

Die Entwicklung des Streckennetzes auf der Insel Usedom vollzog sich in 5 Schritten zwischen 1876 und dem Jahr 2000. Das letztgenannte Datum überrascht, in diesem Jahr wurden aber die Eisenbahnstrecken der Insel in Wolgast an das festländische Streckennetz angeschlossen und damit die fünfundfünfzigjährige Isolierung der Eisenbahn auf Usedom beendet. Doch dazu später. Die erste Bahnstrecke Usedoms wurde am 15.Mai 1876 von der Berlin-Stettiner-Eisenbahn zwischen Swinemünde (heute Polen) und Ducherow an der Hauptstrecke Berlin-Stralsund eröffnet. Dazu musste der Peenestrom zwischen dem Festland und der Insel überwunden werden. Dies geschah mit Hilfe einer zweiarmigen Drehbrücke. Den Abstand zwischen Festland und Insel hatte man außerdem durch Dammschüttungen etwas verkürzen können. Das Brückenbauwerk wurde in den Jahren 1932/33 durch die weltberühmte Hubbrücke ersetzt, deren Hauptteil als Ruine den 2.Weltkrieg überstand und heute unter Denkmalschutz steht.

Bereits kurze Zeit nach der Streckeneröffnung ergab sich wegen des zunehmenden Bäderverkehrs die Notwendigkeit einer Streckenverlängerung in den Westen der Insel. Zunächst konnte am 1.7.1894 das

Heutiger Endpunkt ist „Ahlbeck Grenze". Vielleicht geht es hier einmal weiter in Richtung Swinemünde (22.07.2000)

Dreiteilige Schienenbuseinheit verlässt den Bahnhof Ahlbeck in Richtung Heringsdorf (29.07.2000)

Einer der modernen Triebwagen kurz vor dem Bahnhof Heringsdorf. Am linken Bildrand erkennbar ist die Strecke nach Wolgast (25.07.2000)

Eine Schienenbuseinheit fährt in den Bahnhof Heringsdorf ein (31.07.2000)

Am 25.07.2000 wartet ein dreiteiliger Schienenbus auf Ausfahrt in Richtung Wolgast

Bahnhofshalle und Bahnsteig des Bahnhofs Heringsdorf am 29.07.2000

Nächtliches Stimmungsfoto vom Bahnhof Heringsdorf (23.07.2000)

7,7 km lange Streckenstück zwischen Swinemünde und Heringsdorf seiner Bestimmung übergeben werden. Im ersten Jahrzehnt des neuen Jahrhunderts erfolgte dann der Einbau des zweiten Streckengleises zwischen Ducherow und Heringsdorf. Weitblickend hatte man nämlich die Drehbrücke bei Karnin so eingerichtet, dass ein zweigleisiger Ausbau problemlos möglich war.

Die günstige Verkehrsanbindung des östlichen Teils von Usedom hatte die Bäder weiter westlich in eine ungünstige Wettbewerbssituation geraten lassen, so dass der Weiterbau der Bahnstrecke in Richtung Wolgaster Fähre dringend geboten schien. Wer sich heute eine Streckenkarte der Insel anschaut, wird verblüfft feststellen, dass Heringsdorf einen betrieblich ungünstigen Kopfbahnhof besitzt, obwohl ein Weiterbau der Strecke und die Anlage des Bahnhofs Heringsdorf als Durchgangsbahnhof von der Topographie her keine Schwierigkeiten bereitet hätte. So aber muss jeder Zug zunächst ein Stück zurück in Richtung Ahlbeck rollen, um in einem grossen, nach Süden ausgreifenden Bogen Heringsdorf zu umfahren. Der Grund für diese widersinnige und ungünstige Streckenführung hängt mit dem Status Heringsdorfs als Seebad zusammen. Eine geradlinige Streckenführung hätte kurz hinter dem Bahnhof Heringsdorf die dort angelegten Tennisplätze durchschnitten, die aber der Urlauber wegen unbedingt erhalten bleiben sollten. So musste die Bahn einen Umweg von etwa 2,5 km um den „Präsidentenberg" herum und das „Kopfmachen" in Heringsdorf in Kauf nehmen. Die nun 34,92 km lange Verbindung von Heringsdorf nach Wolgaster Fähre wurde am 31.Mai 1911 eröffnet. Urlauber konnten nun auf direktem Weg mit der Bahn alle größeren Orte auf der Insel erreichen. D- und Eilzüge aus Dresden und Berlin brachten in jedem Sommer Tausende von Erholungssuchenden auf die Insel.

Einfahrt eines modernen Triebwagens in den Bahnhof Heringsdorf. Rechts das Fahrdienstleiterstellwerk Hgf (29.07.2000)

Am 24.07.2000 hat der Triebwagen nach Wolgast soeben Heringsdorf verlassen. Links zwei Abstellgleise des Betriebshofes Heringsdorf. Das Werk selbst ist im Hintergrund zu erkennen

Zug von Wolgast nach Ahlbeck Grenze kurz vor Heringsdof (23.07.2000)

Damit hatte der Ausbau des Usedomer Streckennetzes seinen vorläufigen Abschluss gefunden. Nach der Machtübernahme durch die Nationalsozialisten sollte im Westen der Insel ein ausgedehntes Versuchsgelände der Heeresversuchsanstalt entstehen. Dazu entstand bis 1937 zwischen Zinnowitz und Peenemünde eine 12,8 km lange Anschlussbahn. Zusammen mit den Gleisen der Werkbahn erreichte das Streckennetz in diesem Teil der Insel eine Ausdehnung von 100 km Länge. Zunächst mit Akkumulatortriebwagen bedient, wurde diese Strecke zwischen 1941 und 1943 auf Oberleitungsbetrieb umgestellt.

Am 28. April 1945 wurde die Karniner Hubbrücke auf dem Rückzug vom deutschen Militär gesprengt. Damit war das Schienennetz der Insel vom Festland getrennt. Da außerdem Swinemünde – das ja am Westufer der Odermündung liegt – trotzdem auf Veranlassung Stalins Polen zugeschlagen wurde, gab es nach 1945 auf dem deutschen Teil der Insel zwei isolierte Streckenstücke: von Karnin bis an die neue polnische Grenze bei Swinemünde und von Ahlbeck Seebad bis Wolgaster Fähre mit dem Abzweig nach Peenemünde. Auf dem östlichen Teilstück war natürlich ein sinnvoller Eisenbahnbetrieb nicht mehr möglich und so wurden die Gleise in den ersten Jahren nach dem Krieg weitgehend entfernt. Rollendes Material für den Bahnverkehr der Insel musste nun per Schiff von Wolgast nach Wolgaster Fähre geschafft werden. Auch zu DDR-Zeiten war die Insel ein beliebtes Urlaubsziel, nur kamen die Besucher nicht mehr über Karnin/Swinemünde, sondern über Wolgast-/Wolgaster Fähre auf die Insel. Zwischen Wolgast und Wolgaster Fähre mussten Urlauber einen Fußmarsch von etwa einem Kilometer über die 1950 wieder aufgebaute Brücke über den Peenestrom auf sich nehmen, um den Anschlusszug in Wolgaster Fähre zu erreichen. Güterwagen wurden mit Hilfe der Fähre auf die Insel geschafft, ein Teil der Fracht gelangte auch mit Lastkraftwagen auf die Insel. Eine Reise zur Insel Usedom war in dieser Zeit ein ziemlich zeitaufwändiges Unternehmen. Im Zusammenhang mit der Elektrifizierung der Hauptstrecke Stralsund – Pasewalk Ende der achtziger Jahre wurde von der DR die Stichbahn Züssow – Wolgast mit einer Einfachfahrleitung versehen, die Fahrzeiten konnten wegen der bis 1997 weiterhin bestehenden Geschwindigkeitsbeschränkung auf 50 km/h nicht wesentlich verkürzt werden. Seit 1999 wird diese Strecke wieder mit Dieselfahrzeugen bedient. Nach der Wende schien die Inselbahn kaum eine Zukunft zu haben: Herunter-

Dreiteilige Schienenbuseinheit auf dem Weg nach Ahlbeck Grenze bei Gothen (23.07.2000)

Der Haltepunkt Heringsdorf-Neudorf wurde in unmittelbarer Nähe eines Neubaugebiets angelegt (24.07.2000)

Triebwageneinheit in Bansin (23.07.2000)

Bei starker Nachfrage kommen zwei Triebwagen zum Einsatz (Bansin, 23.07.2000)

gekommene Bahnanlagen, nur dünn besetzte Züge und eine sanierungsbedürftige Brücke bei Heringsdorf sorgten für einen Antrag der RBD Schwerin auf Stilllegung im Jahre 1992. Rechtzeitig wuchs jedoch die Erkenntnis, dass ohne einen attraktiven Schienenverkehr die Insel während der Urlaubssaison im Autoverkehr ersticken und der zunehmende Individualverkehr die Entwicklung des Fremdenverkehrs erheblich beeinträchtigt würde. Ein neues Fahrplankonzept, verbunden mit dem Einsatz anderer Fahrzeuge, sollte ab Mai 1993 mehr Fahrgäste in die Züge lokken. Zwischen 5 und 22 Uhr verkehrten nun die Züge in jeder Richtung stündlich mit Anschlüssen in Wolgast und Züssow. Die bis 1993 eingesetzten Dieselloks der Reihe 201 wurden ebenso wie die Halberstädter Reko-Wagen von der Insel abgezogen und durch Leichttriebwagen der Reihe 771 ersetzt. Diese Fahrzeuge waren zwar auch nicht moderner, innen aber vollkommen renoviert worden.

Das neue Konzept kam bei den Reisenden gut an und so stiegen die Fahrgastzahlen von 1992 bis 1995 um 160 %. Natürlich konnten diese Maßnahmen nur der Anfang einer umfassenden Modernisierung der Bahnanlagen auf Usedom sein. Zwischen 1995 und 1997 investierte die UBB in die Modernisierung ihrer Bahnanlagen ungefähr 47 Millionen DM. Mittelfristig mussten auch neue Fahrzeuge angeschafft und die Fahrzeit zwischen Ahlbeck und Züssow an der Hauptstrecke Stralsund-Pasewalk verkürzt werden. Im Jahr 1994 begann die Oberbausanierung, so dass nun abschnittsweise mit 80 km/h gefahren werden durfte. Die bis dahin gültigen Höchstgeschwindigkeiten von 60 km/h und 50 km/H (Zinnowitz-Peenemünde) konnten wegen des schlechten Zustands der Gleise vorher nur auf wenigen Streckenstücken gefahren werden. Parallel zur Streckensanierung gingen die Bahnstrecken Ahlbeck – Wolgaster Fähre und Zinnowitz – Peenemünde in neue Trägerschaft über. Vom 1.Juni 1995 an übernahm die am 21. Dezember 1994 als Tochter der DB AG gegründete „Usedomer Bäderbahn GmbH" (UBB) den Betrieb auf dem 54 km langen Streckennetz. In den nächsten zwei Jahren investierte das junge Unternehmen 47 Millionen DM in die Streckeninfrastruktur. Der Einbau automatischer Halbschranken, die Erneuerung von Weichen und Gleisen, der Bau eines dritten Bahnsteigs in Zinnowitz und die Fernbedienung von Weichen und Signalen der Bahnhöfe Trassenheide und Ahlbeck von Zinnowitz, bzw. Heringsdorf aus gehörten zu den größeren Modernisierungsmaßnahmen.

Nahverkehrszug in Richtung Heringsdorf/Ahlbeck Grenze bei Schmollensee

Einfahrt in Ückeritz (24.07.2000)

Die Vorgänger der Triebwagen waren im Jahr 2000 immer noch in Zinnowitz abgestellt (26.07.2000)

Treffen beider Triebwagentypen in Ückeritz (24.07.2000)

Einfahrt des Schienenbusses aus Wolgast in Ückeritz (24.07.2000)

Der Schienenbus von Ahlbeck Grenze nach Wolgast hat Zinnowitz erreicht

Einfahrt des Schienenbusses aus Peenemünde in Zinnowitz. Links das Streckengleis nach Wolgast (26.07.2000)

In den folgenden Jahren konnte auch das Streckennetz erheblich erweitert werden. Zunächst wurde am 8.Juni 1997 die Strecke Heringsdorf – Ahlbeck bis zur heutigen Staatsgrenze zu Polen verlängert, zwei Jahre später übernahm die UBB auch die Festlandsstrecke Wolgast-Züssow. Einem schnellen und attraktiven Nahverkehr und einem möglichen Fernverkehr direkt bis zu den Badeorten der Insel stand aber nach wie vor die Streckenunterbrechung zwischen Wolgast und Wolgaster Fähre im Weg. 55 Jahre nach Sprengung der Karniner Hubbrücke wurde mit der Eröffnung einer kombinierten Eisenbahn- und Straßenbrücke im Jahr 2000 wieder direkter Eisenbahnverkehr vom Festland auf die Insel möglich. Züge von Ahlbeck Grenze konnten nun über Wolgaster Fähre hinaus direkt bis Züssow verkehren, wodurch der Schienenverkehr auf Usedom weiter an Attraktivität gewann. Auch die Neuerrichtung von Haltepunkten an der neuen Brücke, in Stubbenfelde und Heringsdorf-Neuhof sollte die Nachfrage nach Schienenverkehrsleistungen verbessern. In Heringsdorf-Neuhof, wo eine ausgedehnte Neubausiedlung mit entsprechendem Nachfragepotenzial in unmittelbarer Streckennähe entstanden ist, hat sich im Nachhinein die ursprünglich unsinnige Streckenführung um den Präsidentenberg herum für die UBB doch noch als Vorteil erwiesen. Im Jahr 2002 konnte die Inselbahn ihren Aktionsradius erneut erweitern. Seit diesem Jahr fahren die Züge der UBB über Greifswald und Stralsund bis nach Barth. Die Streckeninfrastruktur zwischen Barth und Velgast konnte von der DB Netz AG erworben werden; auch hier erfolgten umfangreiche Sanierungsmaßnahmen.

Zurzeit bedient die Usedomer Bäderbahn damit eine Streckenlänge von 151,08 Kilometer entlang der mecklenburg-vorpommerschen Küste. Im Winterfahrplan 2005 wird die Strecke Züssow – Heringsdorf werktags von frühmorgens bis kurz vor Mitternacht im Stundentakt bedient. Züge über Heringsdorf hinaus nach Ahlbeck verkehren bis 22:30 h. Der letzte Zug nach Ahlbeck Grenze endet dort bereits um 19:42 h und kehrt gegen 20 Uhr zurück. Auch auf der Zweigstrecke Zinnowitz-Peenemünde gibt es Stundentakt, der allerdings etwas früher mit dem letzten Zug um 21:38 in Zinnowitz endet. Verbindungen über Züssow hinaus nach Stralsund werden den ganzen Tag über zweistündlich angeboten, ebenso wie zwischen Stralsund und Barth. Während der Hochsaisonmonate wird im Sommerfahrplan sogar ein Halbstundentakt angeboten, weil die enorm gestiegene Nachfrage in den Hochsommermonaten mit stündlichem Zugverkehr auf der Strecke Wolgast – Ahlbeck nicht mehr zu bewältigen war. In den Sommermonaten 2003 beispielsweise zählte die UBB fast eineinhalb Millionen Fahrgäste. Sollte sich durch Investitionen, die besonders im Wellness-Bereich getätigt wurden, die Saison verlängern lassen und dadurch auch die starke Nachfrage nicht mehr nur auf die Hochsommermonate beschränkt bleiben, soll auch der Halbstundentakt entsprechend länger angeboten werden. Eine Taktverdichtung zwischen Zinnowitz und Peenemünde wäre jedoch an weitere Investitionen gekoppelt. Fahrplantechnisch ist auf diesem Streckenast Halbstundentakt nur möglich, wenn der Haltepunkt Karlshagen zum Kreuzungsbahnhof ausgebaut würde. Darüber hinaus müssten weitere Triebwagen angeschafft werden, besonders wenn auch auf der Festlandsstrecke zwischen Barth und Züssow der Takt verdichtet würde.

Daran war bei Gründung des Unternehmens noch nicht zu denken. Die UBB übernahm 1995 zunächst die bereits erwähnten modernisierten Schienenbusse der ehemaligen Deutschen Reichsbahn (Reihe 771;

Die Triebwagen haben soeben die Peenebrücke bei Wolgaster Fähre passiert (30.07.2000)

Beiwagen Reihe 971). Die zweiachsigen Fahrzeuge ähnelten in ihrer Konzeption den Schienenbussen der Reihen 795 und 798 der DB. Zunächst kamen 1993 acht Triebwagen und ebenso viele zu Steuerwagen umgebaute Beiwagen mit dem Fährschiff „Stralsund" auf die Insel. Den neuen Fahrzeugen traute man offensichtlich noch nicht, denn zunächst wurden noch alle acht vorhandenen Lokomotiven und mehrere Wagen als Reserve vorgehalten. Später wurde der Fahrzeugpark um sechs weitere Schienenbusse vergrößert. Auf der Stammstrecke verkehrten sie vierteilig (Zwei Motor- und zwei Steuerwagen), nach Peenemünde zwei- oder dreiteilig.

Im Jahr 1997 kamen zwei weitere Trieb- und Steuerwagen hinzu. Diese Fahrzeuge (771 202, 772 201, 972 201 und 972 202) wurden erstmalig in der Eisenbahngeschichte mit Erdgas betrieben. Zu diesem Zweck hatte die UBB in Heringsdorf eine Erdgastankstelle anlegen lassen. Die umweltfreundlichen Fahrzeuge bedienten meist die Strecke Zinnowitz – Peenemünde, mussten aber letztlich auch ihren modernen Nachfolgern weichen.

Bereits 1995 hatte die UBB nämlich einen modernen Dieseltriebwagen auf der Inselstrecke erprobt, um in Zukunft den Reisenden ein heutigen Ansprüchen entsprechendes Fahrzeug anbieten zu können. Der von Siemens-Düwag gebaute „Regiosprinter" konnte jedoch offenbar nicht überzeugen, denn die Verantwortlichen entschieden sich für den GTW 2/6 von DWA/ADtranz/Stadler, der auch von der Deutschen Bahn AG als Reihe 646 beschafft wurde und heute beispielsweise zwischen Neuruppin und Berlin-Charlottenburg pendelt. Die Fahrzeuge zeichnen sich durch ein eigentümliches Baukonzept aus. Der eigentliche Triebwagen ist ein zweiachsiges, fensterloses Kurzfahrzeug, auf das sich beidseitig je ein Steuerwagen abstützt. Die beiden Steuerwagen weisen somit nur vorn je ein zweiachsiges Drehgestell auf (Achsfolge 2` Bo 2`). Vorteil dieses Antriebskonzepts ist die Entkoppelung der Schall- und Vibrationsquellen von den Fahrgastzellen. Die 38 660 mm langen und 3000 mm breiten Fahrzeuge werden von Motoren der Firma MTU angetrieben und erreichen bei einer Leistung von 550 kw eine Höchstgeschwindigkeit von 120 km/h, wobei die Kraft des Dieselmotors über einen Generator auf zwei Asynchronmotoren übertragen wird. Durch die Konzentration der Antriebselemente auf den Mittelteil ergibt sich ein recht guter Beschleunigungswert von 0,85 m/s^2. Die Steuerwagen sind in Leichtbauweise überwiegend aus Aluminium gefertigt, ein großer Niederfluranteil ermöglicht problemloses Ein- und Aussteigen. Um einer wechselnden Nachfrage gerecht zu werden, sind alle Fahrzeuge mit Vielfachsteuerung ausgestattet. Dem Einsatz auf der Insel Usedom angepasst ist auch die Farbgebung: eine in Blau gehaltene wellenförmige Lackierung schließt den hellen Wagenkasten, von dem sich das dunkle Fensterband abhebt, nach unten ab und symbolisiert die Nähe zur Ostsee. Das Firmenlogo der UBB wurde auf der Antriebseinheit angebracht.

Da nicht sofort alle 23 Triebwagen zur Verfügung standen, ergab sich im Jahr 2000 ein interessanter Mischbetrieb von alten und neuen Fahrzeugen, der im Fototeil dieses Artikels dokumentiert wird. Inzwischen sind die Schienenbusse alle ausgemustert und ein Teil nach Rumänien verkauft worden, wo sie wohl noch eine Weile Dienst tun werden.

Zur Wartung der Triebwagen wurde im Jahr 2000 auf dem Gelände des ehemaligen Bahnbetriebswerks Heringsdorf ein Betriebshof angelegt. In der Spitzkehre zwischen den Streckenästen nach Ahlbeck und Wolgast entstand eine moderne Fahrzeughalle mit umfangreichen Abstellanlagen. Die drei Hallengleise bieten jeweils andere Wartungsmöglichkeiten. Während ein Gleis mit einer Waschanlage ausgestattet ist, besitzt das zweite Gleis eine Arbeitsgrube. Auf dem dritten Gleis können Triebwagen mittels Dacharbeitsbühne im oberen Wagenteil gewartet oder mit Hilfe einer Hebevorrichtung angehoben werden. Neben einem Sozialgebäude mit Schulungs- und Pausenraum befindet sich auch das Verwaltungsgebäude der UBB auf dem Gelände des Betriebshofes.

Auch die Sicherungstechnik konnte inzwischen modernisiert werden. Ältere mechanische Stellwerke in Heringsdorf und Ahlbeck wurden durch Gleisbildtechnik ersetzt. Der Fahrdienstleiter in Heringsdorf bedient nun den Bahnhof Ahlbeck mit. Auch der Fahrdienstleiter in Zinnowitz hat einen umfangreicheren Aufgabenbereich erhalten und ist nicht nur für seinen eigenen Bahnhof, sondern auch für den 1998/99 in einen Kreuzungsbahnhof umgewandelten Haltepunkt Trassenheide zuständig. Von 1999 bis 2000 ist auch der Kreuzungsbahnhof Koserow mit moderner Gleisbildtechnik ausgestattet worden, im Jahr darauf erfolgte die Modernisierung der Signalanlagen in Zempin und Ückeritz. Für diese Bahnhöfe ist nun der Fahrdienstleiter in Koserow verantwortlich. Auch der Bahnhof Buddenhagen erhielt kürzlich ein modernes Relaisstellwerk, das vom Bahnhof Wolgast aus bedient und überwacht wird. Die verbliebenen mechanischen Stellwerke in Zinnowitz und Bansin sollen in Kürze ebenfalls Relaisstellwerke

HP2 für die Züge aus Wolgast und Peenemünde in Zinnowitz. Der Triebwagen kommt aus Wolgast, während der Schienenbus aus Peenemünde das Einfahrsignal bereits passiert hat (26.07.2000)

Triebwagen Zinnowitz-Peenemünde kurz vor dem Endpunkt der Strecke (26.07.2000)

erhalten. Daneben soll die technische Sicherung der Bahnübergänge vorangetrieben werden. Dies ist um so dringender geboten, als in der jüngsten Vergangenheit mehrere Unfälle an Bahnübergängen zu verzeichnen waren. In allen Fällen handelte es sich um ungesicherte Kreuzungspunkte zwischen Straße und Schiene.

Damit ist schon ein Blick in die Zukunft getan. Auch hinsichtlich der Streckenführung will sich die UBB nicht mit dem Erreichten zufrieden geben. Wie bereits oben dargelegt, führte die erste Bahnstrecke von Ducherow über die Karniner Brücke und Swinemünde nach Heringsdorf. Diese nach dem zweiten Weltkrieg und der Grenzziehung im Osten der Insel abgebaute Strecke soll mittelfristig wieder aufgebaut werden. Seit 1999 liegt eine Studie zur Weiterführung der Inselhauptstrecke vor. In zwei Bauabschnitten soll zunächst der Haltepunkt Ahlbeck Grenze mit dem Zentrum von Swinemünde (poln.Swinoujscie) verbunden werden. Die Chancen dafür stehen nach dem EU-Beitritt Polens sicher nicht schlecht. In einem zweiten Realisierungsabschnitt soll dann von Swinemünde aus über den heute noch existierenden Bahndamm der früheren Strecke Ducherow – Swinemünde auf deutschem Gebiet der Flugplatz Garz erreicht werden. Zur Verwirklichung dieser ehrgeizigen Ziele ist eine enge Zusammenarbeit der Behör-

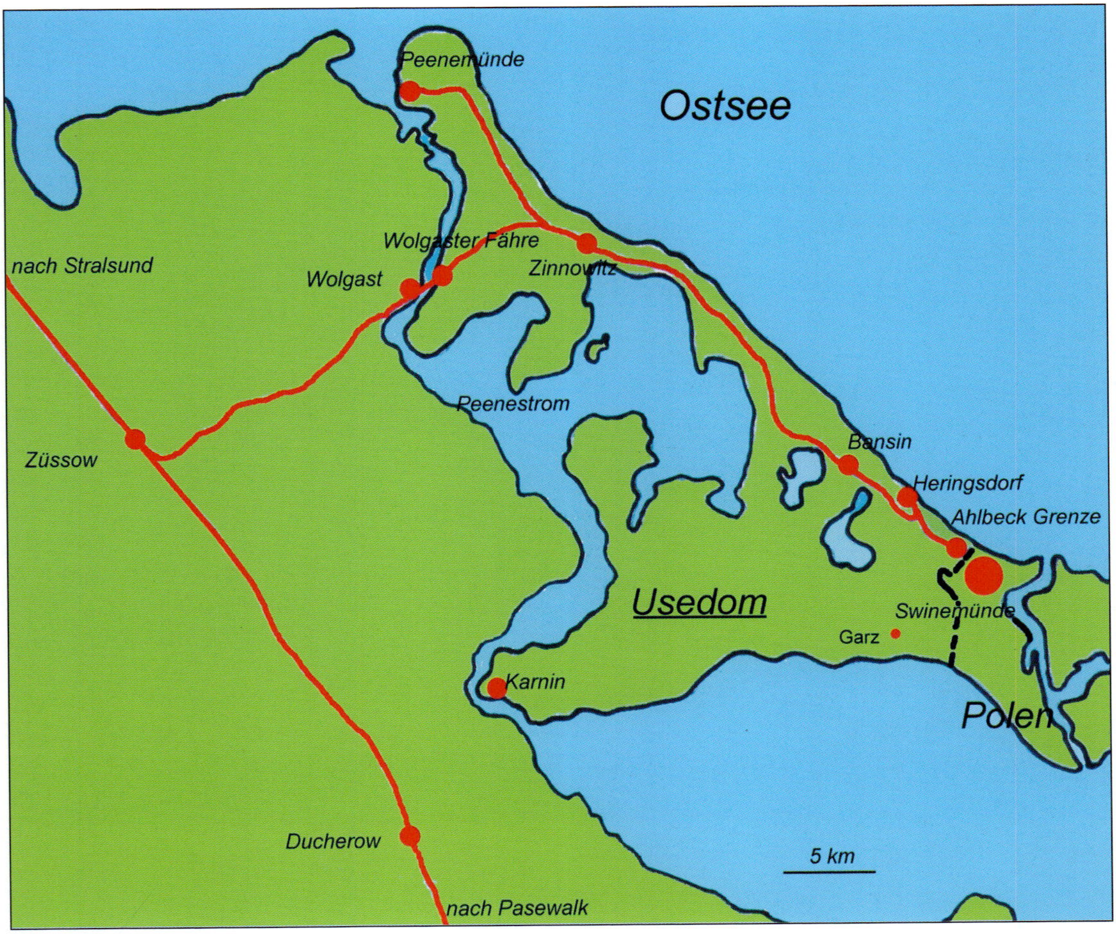

den auf beiden Seiten der deutsch-polnischen Grenze erforderlich. Da nach dem EU-Beitritt Polens die Entwicklung der heute 50 000 Einwohner zählenden Stadt Swinemünde zu einem regionalen Zentrum erwartet wird, kann auf ein leistungsfähiges Nahverkehrsnetz unter Einbeziehung des polnischen Teils der Insel nicht verzichtet werden. Inzwischen ist die Strecke auf Betreiben der Polnischen Staatsbahn PKP und der DB AG in das Verzeichnis der deutsch-polnischen Grenzübergänge aufgenommen worden. Der Wiederaufbau der alten Trasse über Swinemünde hinaus macht meines Erachtens jedoch nur dann Sinn, wenn auch das Streckenstück südlich des Flughafens Garz einschließlich der Peenebrücke bei Karnin wieder aufgebaut wird. Nach Ausbau der Hauptstrecke Berlin – Stralsund wären dann Fahrzeiten von 2 Stunden zwischen Berlin Lehrter Bahnhof und Heringsdorf denkbar und damit ein konkurrenzfähiges Angebot gegenüber dem Individualverkehr auf der Straße möglich. Usedom könnte damit die Chance erhalten, zum Naherholungsgebiet des Großraums Berlin zu werden. Das Projekt wird auch von der UBB favorisiert. Ob allerdings die Geschäftsführung der Inselbahn, die mit einer Realisierung innerhalb von 10 Jahren rechnet, Zweckoptimismus betreibt, muss abgewartet werden. Immerhin ist das Projekt inzwischen in den Bundesverkehrswegeplan aufgenommen worden.

Langfristig hofft man gar, den Darß an das Schienennetz anbinden zu können. Dies ist jedoch Zukunftsmusik, denn dazu müsste zunächst die „Meiningen-Brücke" gebaut werden. Konkrete Pläne für dieses Projekt gibt es leider noch nicht. Trotzdem ist die Usedomer Bäderbahn ein beeindruckendes Beispiel für erfolgreichen modernen Schienenverkehr abseits der Ballungsräume und eine Fahrt auf die wunderschöne Ferieninsel – die besonders im Sommerhalbjahr auch mit Fernzügen direkt zu erreichen ist – kann dem Eisenbahnfreund empfohlen werden.

Weitere Bücher unseres Verlages

Fordern Sie unser Gesamtverzeichnis an mit Büchern über **Autos**, **Motorräder**, **Lastwagen**, **Traktoren**, **Feuerwehrfahrzeuge**, **Baumaschinen** und **Lokomotiven**:

Verlag Podszun Motorbücher GmbH
Elisabethstraße 23-25, 59929 Brilon
Telefon 02961-53213, Fax 02961-9639900
Email info@podszun-verlag.de
www.podszun-verlag.de

Die Geschichte von Magirus reicht weit zurück und wird anhand der Lastwagenmodelle porträtiert. Alle werden ausführlich in Wort und Bild dargestellt, ergänzt durch technische Daten und Maßzeichnungen.

270 Seiten
700 Abbildungen
28 x 21 cm
fester Einband
Bestellnummer **388**
EUR **44,90**

Versuchstriebwagen von 1901 bis zu den hochtechnisierten Typen von heute: Alle wichtigen Baureihen in chronologischer Folge mit technischen Daten, Hintergrundinformationen und vielen bisher unveröffentlichten Dokumenten und Fotos.

144 Seiten
320 Abbildungen
28 x 21 cm
fester Einband
Bestellnummer **354**
EUR **19,90**

Die Geschichte der Oberen Ruhrtalbahn und ihrer Nebenstrecken mit historischen und neuen Fotografien.

160 Seiten, 300 Abbildungen
28 x 21 cm, fester Einband
Bestellnummer **296** EUR **24,90**

Rund 270 MAN-Nutzfahrzeuge im Einsatz mit Beschreibungen, technischen Daten und Hintergrundberichten.

144 Seiten, 310 Abbildungen
28 x 22 cm, fester Einband
Bestellnummer **359** EUR **29,90**

Alle Lastwagentypen von Henschel mit zeitgenössischen Bildern, ausführlichen techn. Daten und Maßzeichnungen.

240 Seiten, 550 Abbildungen
28 x 22 cm, fester Leinenband
Bestellnummer **204** EUR **44,90**

Aufstieg und Fall der berühmten Marke mit sämtlichen Lastwagentypen, allen Daten und Maßzeichnungen.

240 Seiten, 420 Abbildungen
28 x 22 cm, fester Leinenband
Bestellnummer **157** EUR **44,90**

Die ruhmreiche lange Geschichte des Lokomotivenbaus bei Hanomag. Mit allen Besonderheiten, Lieferungen nach Stückzahlen und Fabriknummern-Verzeichnis.

192 Seiten
340 Abbildungen
28 x 21 cm
fester Einband
Bestellnummer **352**
EUR **29,90**

- Kleinlokomotiven der Einheitsbauarten
- Rheinbraun – die leistungsstärkste Werksbahn der Welt
- Kuhlers Stromlinienloks
- Lokomotivenfabrik Krauss & Comp.
- Die Süddeutschen Vierzylinder-Verbund-Schnellzugloks
- Auf Dampflokjagd in Ostberlin 1978

144 Seiten, 280 Abbildungen
17 x 24 cm, Leinenbroschur
Bestellnummer **367**
EUR **14,90**

Schnellzuglokomotive 05 003, DB-Gleismesstriebzüge, Süddeutsche 2B-Lokomotiven u.a.

144 Seiten, 270 Abb.
17x24 cm, Leinenbroschur
Bestellnummer **337** EUR **14,90**

Werbelokomotiven, Elektrolokomotivbaureihe E 03/103, Lokomotiven von Maffei u.a.

144 Seiten, 296 Abb.
17x24 cm, Leinenbroschur
Bestellnummer **306** EUR **14,90**

Der TEE, Baureihe 012, VT 605, Hanomag, Anfänge bei Borsig, H45 024 u.a.

144 Seiten, 288 Abb.
17x24 cm, Leinenbroschur
Bestellnummer **269** EUR **14,90**

In chronologischer Folge werden die wichtigsten deutschen Baureihen aller Dampf-, Elektro- und Diesellokomotiven ausführlich mit herrlichem Bildmaterial vorgestellt.

144 Seiten
290 Abbildungen
28 x 21 cm
fester Einband
Bestellnummer **328**
EUR **19,90**

Die Nebenbahnromantik der achtziger Jahre anhand typischer Strecken.

144 Seiten, 350 Abbildungen
28 x 22 cm, fester Einband
Bestellnummer **329** EUR **24,90**

Übersicht der privaten Bahnanbieter in Deutschland und ihrer Züge.

144 Seiten, 300 Abbildungen
28 x 21 cm, fester Einband
Bestellnummer **287** EUR **19,90**

DB
627 104-3